FORSCHUNGSBERICHTE
DES WIRTSCHAFTS- UND VERKEHRSMINISTERIUMS
NORDRHEIN-WESTFALEN

Herausgegeben von Staatssekretär Prof. Leo Brandt

Nr. 143

Prof. Dr. phil. F. Wever
Dr. phil. A. Rose
Dipl.-Ing. W. Straßburg

Härtbarkeit und Umwandlungsverhalten der Stähle

aus dem
Max-Planck-Institut für Eisenforschung, Düsseldorf

Als Manuskript gedruckt

WESTDEUTSCHER VERLAG / KÖLN UND OPLADEN
1955

ISBN 978-3-663-03677-7   ISBN 978-3-663-04866-4 (eBook)
DOI 10.1007/978-3-663-04866-4

Forschungsberichte des Wirtschafts- und Verkehrsministeriums Nordrhein Westfalen

Gliederung

Vorwort . . . . S. 5

Definition der Härtbarkeit . . . . S. 5

Bestimmung der Härtbarkeit mit Durchhärteversuchen . . . . S. 6

Kennzeichnung der Härtbarkeit durch die Stirnabschreckprüfung . . S. 8

Die Kennzeichnung der Umwandlungseigenschaften einzelner
Schmelzen durch die Stirnabschreckprüfung . . . . S. 13

Zusammenhang zwischen Durchhärteprüfung und
Stirnabschreckprüfung . . . . S. 20

Härtbarkeitskennzahlen . . . . S. 20

Kennzeichnung der Härtbarkeit aus dem Umwandlungs-Schaubild . . . S. 24

Nachprüfung der Härtbarkeitskennziffern, insbesondere des
D_I-Wertes, mit Hilfe des kontinuierlichen ZTU-Schaubildes . . . . S. 28

Literaturverzeichnis . . . . S. 33

Forschungsberichte des Wirtschafts- und Verkehrsministeriums Nordrhein Westfalen

Vorwort

Der hier vorgelegte Bericht befaßt sich mit einer Untersuchung der verschiedenen Härtbarkeitskennzeichnungen der Stähle und zeigt auf, welche Zusammenhänge mit dem Umwandlungsverhalten, dargestellt in den ZTU-Schaubildern, bestehen. Es wird dargelegt, daß das ZTU-Schaubild für kontinuierliche Abkühlung die vollständigste Beschreibung der Härtbarkeit liefert und daß die Ergebnisse aller anderen Härtbarkeitsprüfungen als Ausschnitte dieses Bildes angesehen werden können.

Die Untersuchungen stehen in enger Beziehung zum Forschungsbericht Nr. 75 "Zeit-Temperatur-Umwandlungs-Schaubilder als Grundlage der Wärmebehandlung der Stähle" (1), in welchem die unmittelbaren Anwendungsmöglichkeiten der isothermischen und kontinuierlichen ZTU-Schaubilder für die Wärmebehandlungspraxis gezeigt wurden.

Definition der Härtbarkeit

Unter Härtbarkeit versteht man die Fähigkeit eines Stahles, durch Härten oberflächlich oder durchgreifend eine stark gesteigerte Härte durch Bildung von Martensit oder Zwischenstufengefüge anzunehmen, wobei sowohl die erreichbare Höchsthärte als auch der Härte-Tiefe-Verlauf von Interesse sind. Die erreichbare Höchsthärte ist im wesentlichen durch den Kohlenstoffgehalt des Stahles bestimmt, während die Einhärtungstiefe vom Umwandlungsverhalten abhängig ist. Beide Größen sind in dem ZTU-Schaubild für kontinuierliche Abkühlung enthalten. Die Wirkung der zahlreichen Einflußgrößen auf das Umwandlungsverhalten eines Stahles (z.B. Legierungsgehalt, Austenitisierungsbehandlung, Erschmelzung) wird ebenso in Zeit-Temperatur-Umwandlungs-Schaubildern erfaßt und dargestellt. Die Beschreibung der Härtbarkeit kann auf diese Weise nahezu vollständig durchgeführt werden.

Die Aufstellung von ZTU-Schaubildern ist jedoch mit einem verhältnismässig großen Aufwand verbunden. Demgegenüber existieren aus den Gegebenheiten der Praxis eine Vielzahl von einfachen Härtbarkeitsprüfungsverfahren, von denen sich einige als besonders geeignet und allgemein anwendbar erwiesen haben. Der Zweck aller dieser technischen Verfahren ist es, mit einer möglichst einfachen Probe die Härtbarkeit mit einer oder wenigen Zahlen kurz, vollständig und eindeutig zu kennzeichnen.

Forschungsberichte des Wirtschafts- und Verkehrsministeriums Nordrhein Westfalen

Bestimmung der Härtbarkeit mit Durchhärteversuchen

Die älteste Methode zur Bestimmung der Härtbarkeit ist die Untersuchung des Härteverlaufs über den Querschnitt gehärteter Rundproben. Den unmittelbaren Zusammenhang zwischen dem Härtungsverhalten von Werkstücken mit dem kontinuierlichen ZTU-Schaubild beschreibt bereits Forschungsbericht Nr. 75 (1), in dem über die Anwendbarkeit von Zeit-Temperatur-Umwandlungs-Schaubildern berichtet wird.

Durch eine Reihe von Versuchen (1) konnte gezeigt werden, daß Gefügeausbildung und Härte an irgendeiner Stelle einer Stahlprobe nach kontinuierlicher Abkühlung allein und eindeutig von der Abkühlungsgeschwindigkeit an dieser Stelle abhängen und mit den entsprechenden Angaben des kontinuierlichen Schaubildes übereinstimmen, sofern die Voraussetzung hinsichtlich der Ähnlichkeit des Abkühlungsverlaufes einigermaßen erfüllt ist. Das bedeutet aber, daß auch umgekehrt aus Gefüge und Härte an irgendeiner Stelle - die Kenntnis des kontinuierlichen Umwandlungs-Schaubildes vorausgesetzt - die Abkühlungsgeschwindigkeit an dieser Stelle angegeben werden kann. Die Beziehungen zwischen Abkühlungskurven im kontinuierlichen Umwandlungsschaubild und den an ihrem Ende angegebenen Gefüge- und Härtewerten sind eindeutig und umkehrbar.

Auf Grund dieser Feststellungen ergibt sich eine weitere neuartige und sehr nützliche Anwendung des Umwandlungs-Schaubildes für kontinuierliche Abkühlung: Es ist möglich, den Abkühlungsvorgang an irgendeiner beliebigen Stelle des Querschnittes eines beliebig geformten Werkstückes zu bestimmen, wenn nur die Abkühlung in dem angegebenen Sinne kontinuierlich erfolgt und wenn das Umwandlungs-Schaubild des betreffenden Stahles bekannt ist. Es ist dazu nur notwendig, das Gefüge an der betreffenden Stelle auf seine Anteile mengenmäßig zu untersuchen und die Härte zu messen. Mit Hilfe dieser Angaben kann dann aus dem Umwandlungs-Schaubild für kontinuierliche Abkühlung die zugehörige Abkühlungskurve entnommen werden. Diese Abkühlungskurven lassen sich für die gleichen Abmessungen und Abkühlungsbedingungen auf andere Stahlsorten übertragen, soweit deren Wärmeleitfähigkeit annähernd gleich ist. Im Bereich der Bau- und Vergütungsstähle wird das im allgemeinen der Fall sein. Damit ist es möglich, aus einer Reihe von Stählen an Hand der kontinuierlichen Umwandlungs-Schaubilder denjenigen auszuwählen, der an einer bestimmten Stelle des

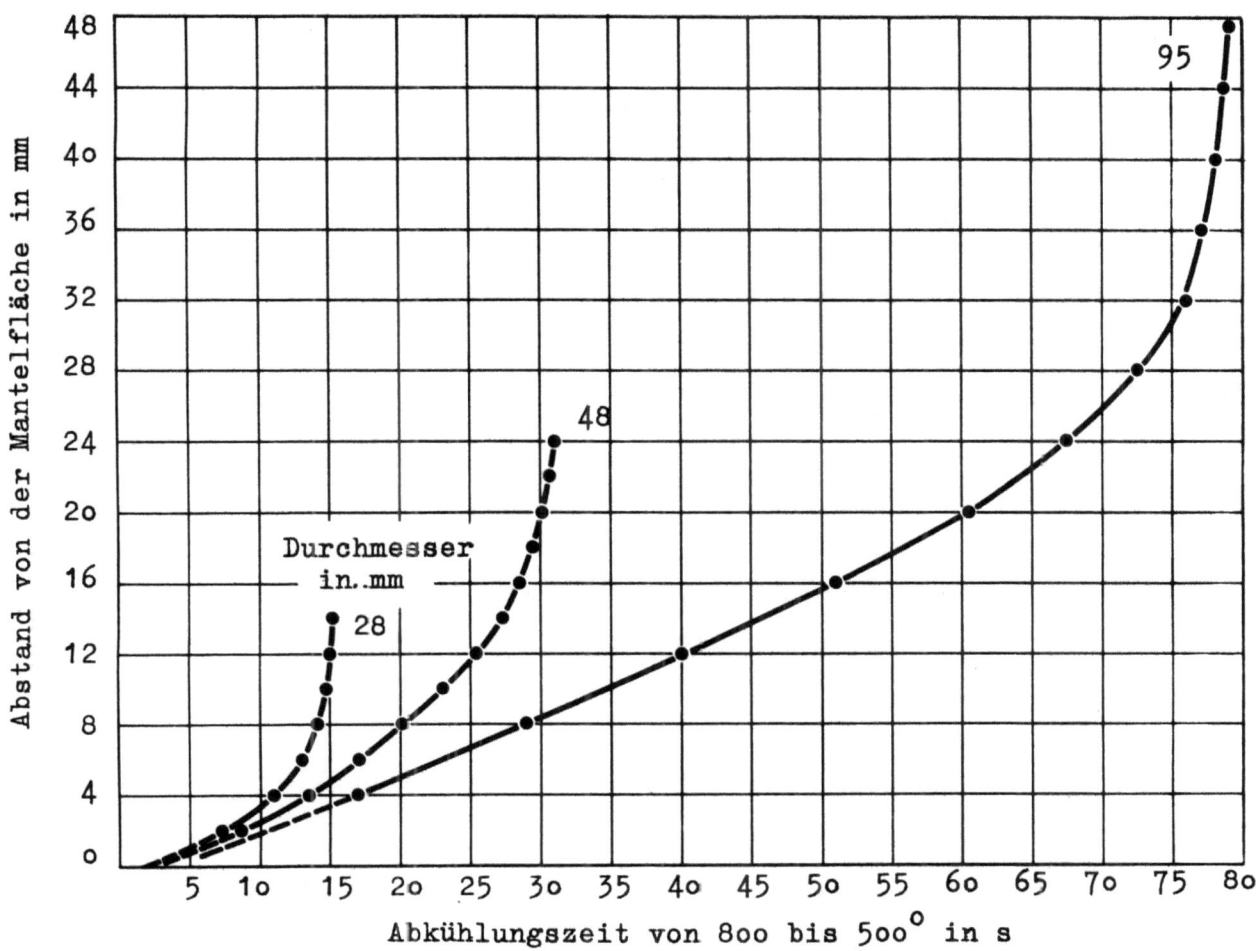

Abbildung 1

Abkühlungszeiten von Rundproben mit verschiedenem Durchmesser
des Stahles 34Cr4 bei Wasserabschreckung

in Frage kommenden Querschnittes gerade das gewünschte Gefüge und die gewünschte Härte oder Festigkeit hat. Das bedeutet, daß aus jedem kontinuierlichen Umwandlungs-Schaubild der Einhärtungsverlauf für bestimmte Querschnitte unter bestimmten Abkühlungsbedingungen in erster Näherung abgelesen werden kann, wenn die Abkühlungsvorgänge einmal in der oben angegebenen Weise bestimmt sind.

Einen Überblick der Abkühlungsvorgänge im Innern von Rundproben mit 28, 48 und 95 mm Dmr. für den Fall der Wasserabschreckung gibt Abbildung 1. Die Ergebnisse sind den Untersuchungen von A. ROSE und D. WILD (2) entnommen. Der einzelne Abkühlungsvorgang ist dargestellt durch die Abkühlungszeit von 800 bis 500°. Die Abkühlungszeiten in der Nähe der Oberfläche sind am kürzesten, und zwar bei allen Rundproben nahezu gleich. Sie nehmen zum Kern hin, zunächst schnell, dann langsam einem Endwert zustrebend, zu. Die Übereinstimmung zwischen der unmittelbaren Messung des Temperatur-Zeit-Verlaufs und der Bestimmung aus dem Schaubild mit Hilfe der Gefügezusammensetzung und der Härte wurde an den eingetragenen Meßpunkten nachgeprüft; sie ist überall befriedigend. Den Härtewerten kommt jedoch im allgemeinen dabei eine größere Bedeutung zu, als der Gefügebeurteilung solange die quantitative Gefügeauswertung nicht mit einem objektiven Meßverfahren durchgeführt werden kann.

Kennzeichnung der Härtbarkeit durch die Stirnabschreckprüfung

Aus dem Wunsch, mit einer einzigen Probe das Härtungsverhalten eines Stahles vollständig zu kennzeichnen, ist die Stirnabschreck-Härteprüfung von W.E. JOMINY (3) entwickelt worden, die inzwischen weitgehende Anwendung in der Stahl erzeugenden und verarbeitenden Industrie gefunden hat. Es ist wünschenswert, auch den Zusammenhang zwischen dem kontinuierlichen ZTU-Bild und dem Abkühlungsverhalten jedes Punktes der Meßfläche einer Stirnabschreckprobe herzustellen.

Dazu wurden Stirnabschreckproben einer Reihe von Stählen in verschiedenen Abständen von der Stirnfläche jeweils 0,4 mm unter der Oberfläche mit Thermoelementen versehen und die Abkühlungskurven beim Abschrecken aufgenommen. Diese Abkühlungskurven sind in das ZTU-Bild für kontinuierliche Abkühlung (Abb. 2) eingetragen. Während die Abkühlungskurven verschiedener Querschnittsstellen von Rundproben gut mit denen des kontinuierlichen ZTU-Bildes übereinstimmen, weichen die Abkühlungskurven der einzelnen Meßstellen auf der Stirnabschreckprobe in der Form von denjenigen des ZTU-Bildes ab. Die Kurve A in der Nähe der Stirnfläche verläuft steiler; die Kurven B und C in 10 und 20 mm Abstand verlaufen flacher als die dem ZTU-Bild zugrunde gelegten. Die Meßstellen D und E zum oberen Ende der Stirnabschreckprobe passen sich dem eingezeichneten Verlauf der Kurven wieder besser an. Der Abkühlungsverlauf an der Oberfläche der Stirnabschreckprobe entspricht an denjenigen Stellen dem Abkühlungsverlauf der Dilatometerproben am besten, an denen das Temperaturgefälle von der Oberfläche zum Probeninnern zu vernachlässigen ist. Das ist im oberen Probendrittel an den Stellen der Fall, an denen die Luftabkühlung durch die Mantelfläche überwiegt. Bei mittleren Abständen von

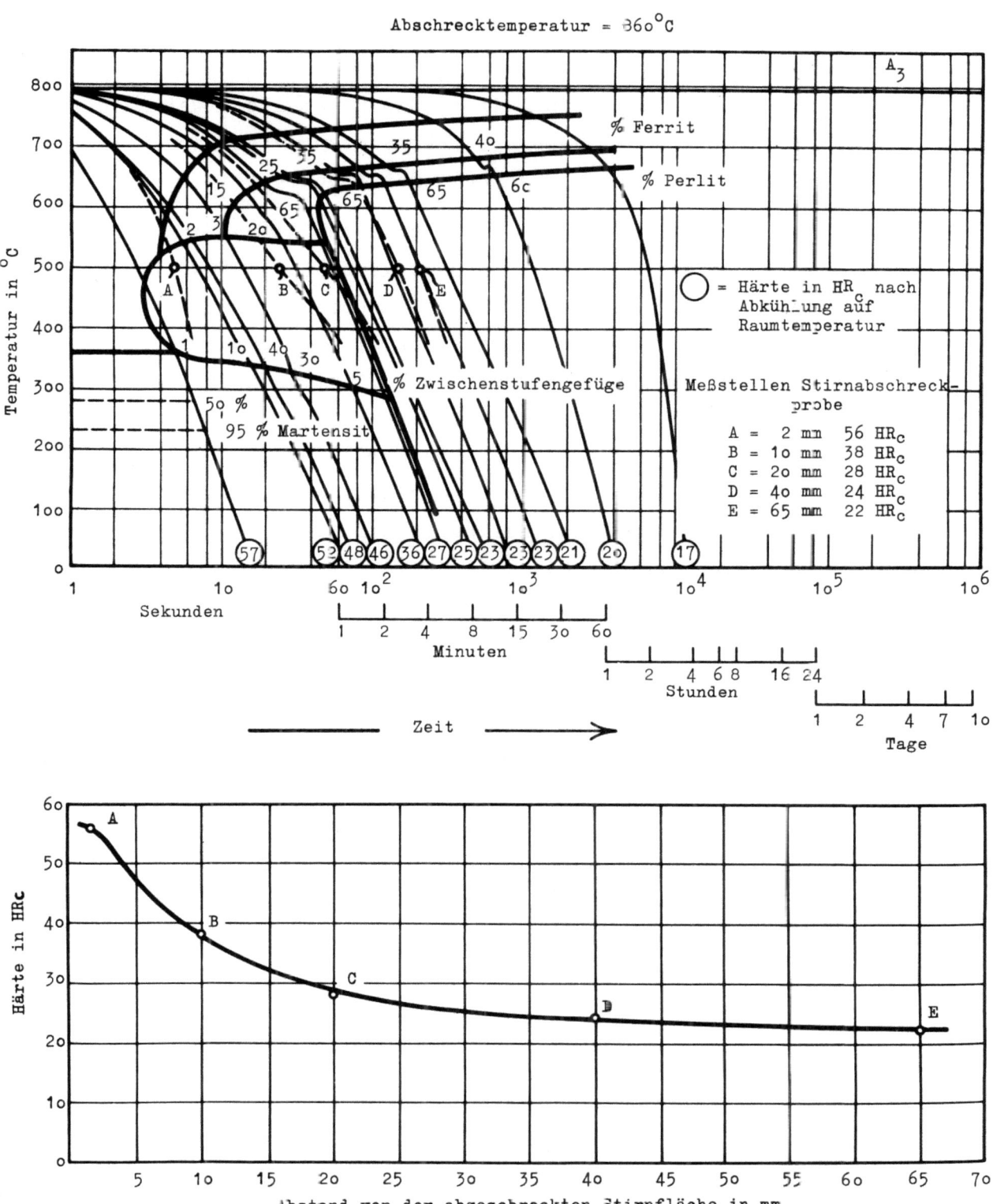

Abbildung 2
ZTU-Bild (kontinuierlich) des Stahles 37 MnSi 5 und
Abkühlungsverlauf der Stirnabschreckprobe

der Stirnfläche überwiegt der einseitige Wärmeentzug durch die Stirnfläche, die Abkühlung wird jedoch durch Wärmenachlieferung aus dem Probeninnern verlangsamt. Das erklärt die Abweichung im Abkühlungsverlauf der Meßstellen B und C zu längeren Zeiten. Die Meßstelle A weicht auf Grund ihrer Kantenlage und des dauernden Wärmeentzuges an der Stirnfläche mit zunehmender Zeit nach links zu schnellerer Abkühlung ab.

Trotz dieser Abweichungen zeigen die Härtewerte der Stirnabschreckprobe noch brauchbare Übereinstimmung mit den Härtewerten des ZTU-Bildes, wenn man zur Ermittlung der Vergleichskurve des Schaubildes die Lage des Abkühlungsvorganges der Stirnabschreckprobe nur im Bereich der für die Umwandlung wesentlichen Temperaturen oberhalb $500°$ heranzieht. Die Meßstelle A erfährt den Hauptteil ihrer Umwandlung im Bereich der Zwischenstufe zwischen den Kurven mit 57 HRc und 52 HRc. Die Härte der Meßstelle A wird zu 56 HRc festgestellt. Die Abkühlung an der Meßstelle B verläuft zunächst links der Kurve mit 36 HRc. Sie durchläuft dann den Bereich der Zwischenstufe langsamer, so daß hier die Kurve mit 36 HRc geschnitten wird. Die Härte sollte daher etwa dem erstgenannten Abkühlungsverlauf entsprechen; sie beträgt tatsächlich 36 HRc. Die Abkühlung der Meßstelle C erfolgt im Bereich der Ferrit-Perlit-Bildung schneller als die der Dilatometerprobe mit 27 HRc. Sie wird jedoch im Bereich der Zwischenstufengefüge-Bildung langsamer, so daß sie dort ausschert. Die Härte sollte etwas größer sein als 27 HRc. Sie beträgt tatsächlich 28 HRc. Die Abkühlungsvorgänge an den Meßstellen D und E entsprechen ebenso wie die Härten dem Schaubild. Aus der Gegenüberstellung der Gefüge an den oben beschriebenen Meßstellen B, C, D mit den zum Vergleich herangezogenen Dilatometerproben geht hervor, daß auch hierin die Übereinstimmung befriedigend ist (Abb. 3).

Zur allgemeinen Kennzeichnung der Abkühlungsvorgänge an den Meßpunkten der Stirnabschreckprobe ist in Abbildung 4 eine andere Darstellung benutzt: An Stelle der vollständigen Abkühlungskurven werden die Abkühlungszeiten von Ac_3 bis $500°$ angegeben, wobei eine mittlere Ac_3-Temperatur von $800°$ zugrunde gelegt ist. Die Abkühlungszeit als Meßwert für den Abkühlungsvorgang ist in der x-Achse aufgetragen in Abhängigkeit von dem Abstand von der Stirnfläche als Ordinate. Im Bild sind die Meßergebnisse an den Stählen 37 MnSi 5, 5o CrV 4 und Ck 45 als eigene Meßwerte eingetragen sowie auch Werte aus Messungen an dem Stahl En 1oo von T.F. RUSSEL

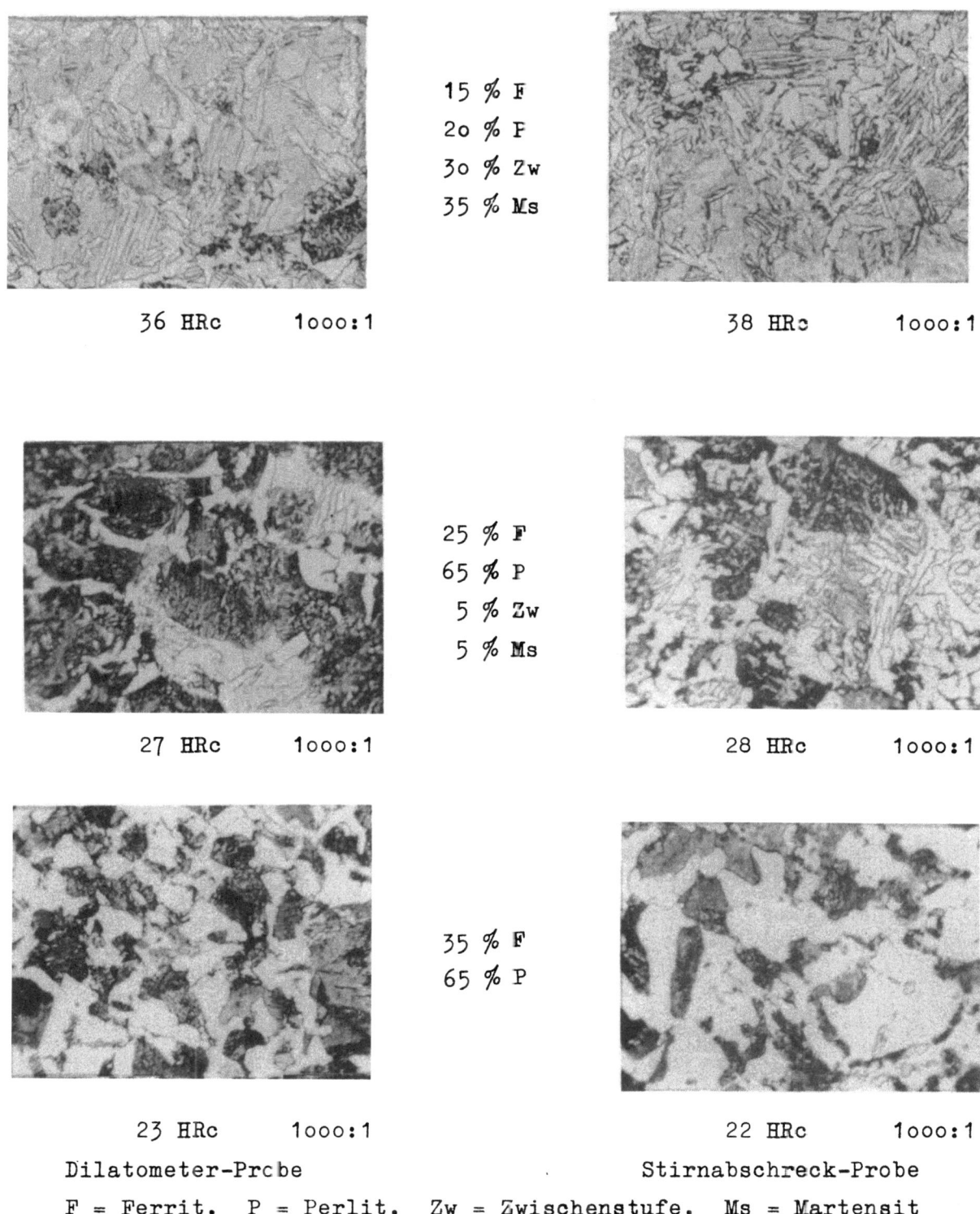

Abbildung 3

Gefüge und Härte des Stahles 37 MnSi 5 bei gleichem Abkühlungsverlauf in verschiedenartigen Proben (1000:1; geätzt in alkoholischer Salpetersäure- und Pikrinsäurelösung)

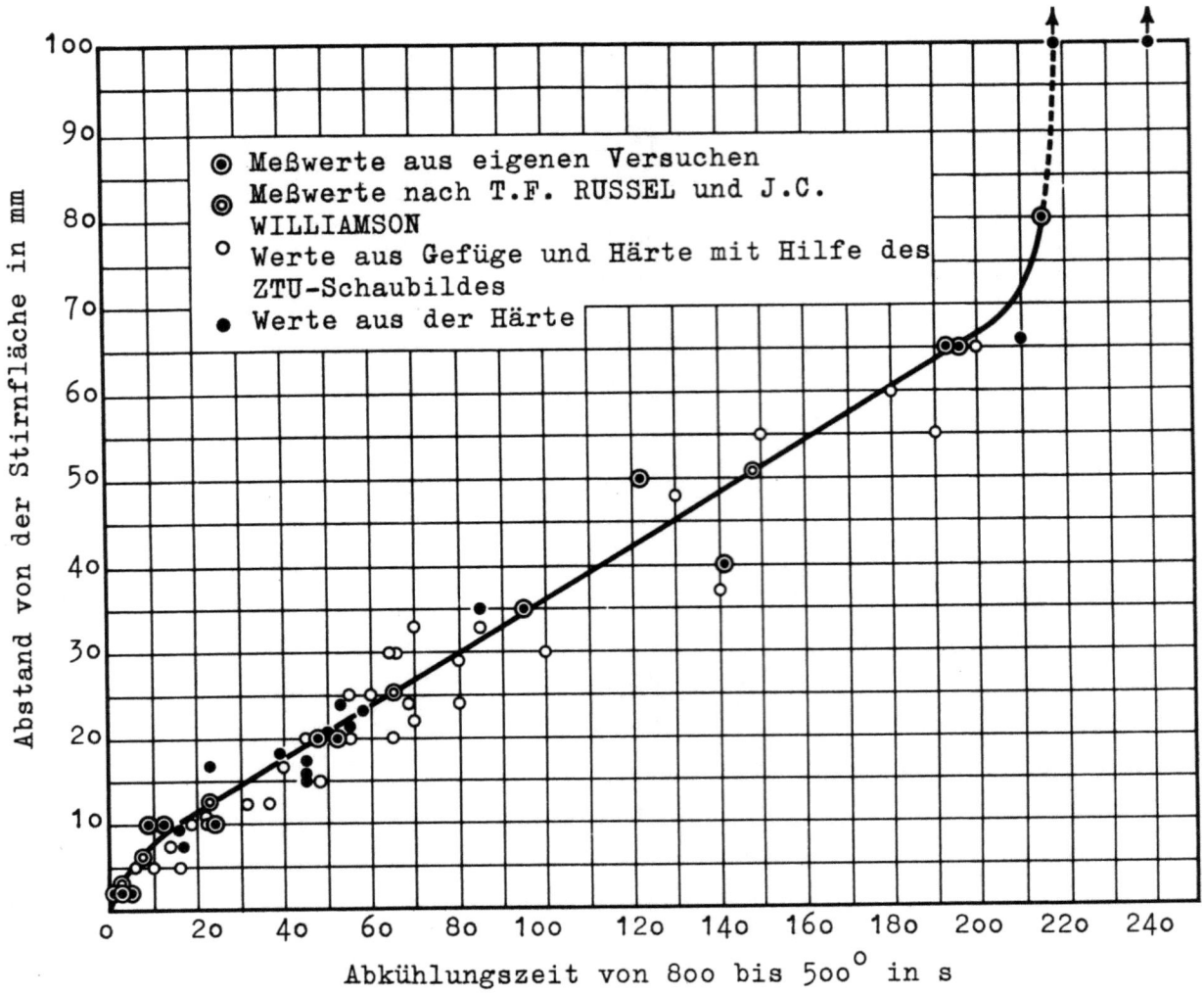

Abbildung 4

Abkühlungszeiten der Stirnabschreckprobe von 800 bis 500° in Abhängigkeit vom Abstand von der abgeschreckten Stirnfläche

und J.C. WILLIAMSON (4). Mittelbar aus Gefüge und Härte mit Hilfe des kontinuierlichen Umwandlungs-Schaubildes gewonnene Abkühlungszeiten sind ergänzend dargestellt. Ein Einfluß unterschiedlicher Wärmeleitfähigkeit ist aus den Ergebnissen nicht zu erkennen. Er ist kleiner als die Streubreite.

In dem Streuband der Einzelwerte gibt die ausgezogene Kurve die mittleren Abkühlungszeiten wieder. Damit gehört zu jedem Punkte der Stirnabschreckhärtekurve ein bestimmter Abkühlungsvorgang, der auch im Umwandlungs-Schaubild mit allen Einzelheiten der Umwandlungsvorgänge und Gefüge wiederzufinden ist. Die einfache, proportionale Zunahme der Abkühlungszeiten mit dem Abstand von der Stirnfläche im Bereich von 10 bis 65 mm zeigt, wie glücklich dieses Prüfverfahren ausgewählt ist. An dem Verlauf der Kurve über 65 mm Abstand wird aber auch deutlich, daß selbst bei einer Probe von 100 mm Länge über 80 mm Abstand keine wesentliche Verlangsamung des Abkühlungsvorganges mehr zu erwarten ist.

Die Kennzeichnung der Umwandlungseigenschaften einzelner Schmelzen durch die Stirnabschreckprüfung

Nun werden aber die Umwandlungs-Schaubilder der Stähle noch lange nicht vollständig vorliegen, und es wird auch angesichts des dafür erforderlichen Arbeitsaufwandes nicht immer möglich sein, von einer bestimmten Stahlschmelze erst das Umwandlungs-Schaubild aufzunehmen, wenn eine Frage der Wärmebehandlung zur Erörterung gestellt wird. Man wird daher auf die alten, mehr oder weniger bewährten Verfahren der Kennzeichnung der Härtungseigenschaften nicht verzichten können. Damit ergibt sich die Frage, was diese Verfahren vom Standpunkt einer vollständigen Kenntnis der Umwandlungseigenschaften, wie sie in den Umwandlungs-Schaubildern ausgeprägt vorliegen, bedeuten und wie sie zu bewerten sind.

Der klassische Versuch zur Bestimmung der Härtbarkeit ist, wie oben erwähnt, die Untersuchung des Härteverlaufs über den Querschnitt gehärteter Rundproben; sie wird in vielen Fällen, besonders auch zur laufenden Schmelzenüberwachung von Baustählen, durch die Stirnabschreckhärteprüfung abgelöst oder ergänzt. Der enge Zusammenhang beider Prüfverfahren mit dem Umwandlungs-Schaubild ist im vorhergehenden eingehend erläutert worden. Es trat dabei deutlich in Erscheinung, daß beide Prüfungen nur einen mehr oder weniger schmalen Ausschnitt aus dem Umwandlungs-Schaubild darstellen. Die Stirnabschreckprüfung gibt einen Ausschnitt der Abkühlungszeiten von 5 s bis etwa 220 s, auf die Temperaturdifferenz von A_3 bis $500°$ bezogen, und die Rundprobe von 100 mm Dmr. bei Wasserabschreckung von 20 s bis 80 s. Diese praktischen Härtbarkeitsprüfungen werden immer ihre Bedeutung behalten, ihre Aussagen sollten aber in Zukunft enger zu dem Umwandlungsverhalten in Beziehung gesetzt werden, wie es in den Umwandlungs-Schaubildern dargestellt wird.

Eine ganz besondere Aufgabe fällt hierbei der Stirnabschreckprüfung zu. Es wird noch eine Zeitlang dauern, bis für jede irgendwie wichtige Stahlsorte ein Umwandlungs-Schaubild vorliegt, d.h. ein Bild für einen Stahl mittlerer Härtbarkeit innerhalb dieser Sorte. Man wird auch grundsätzlich darauf verzichten müssen, das Umwandlungsverhalten jeder einzelnen Schmelze in einem Umwandlungs-Schaubild zu beschreiben. Da aber bekannt ist, welche Bedeutung die Streuung des Umwandlungsverhaltens von Schmelze zu Schmelze in Wärmebehandlungsbetrieben hat, wird es notwendig sein, diese Abweichungen von der mittleren Härtbarkeit durch einfache Härtbarkeitsprüfungen zu erfassen und in Zusammenhang zu bringen mit bestimmten Änderungen im Umwandlungsverhalten, die sich in einer Verschiebung der Linien des Schaubildes äußern. Erst auf diese Weise werden die Schaubilder allgemeiner anwendbar, ohne im Rahmen der praktischen Bedürfnisse an Aussagegenauigkeit einzubüßen. Diese Aufgabe löst die Stirnabschreckprüfung zusammen mit dem Umwandlungs-Schaubild mit befriedigender Genauigkeit.

Den häufigsten Fall der Härtbarkeitsstreuung stellt Abbildung 5 mit den Stirnabschreckhärtekurven von fünf Schmelzen des Stahles 25 CrMo 4 dar. Die Kurven der einzelnen Schmelzen liegen mit allen Meßwerten entweder oberhalb oder unterhalb der mittleren Härtekurve, die im Bilde etwas stärker ausgezogen ist. Es findet an keiner Stelle eine Überschneidung statt. Die Meßpunkte in 5, 10, 20, 30 ... mm Abstand auf der Stirnabschreckprobe, die auf dem oberen Maßstab der Abkühlungszeit durch die Zeiten 5, 15,2 47,3 80,0 ... sek wiedergegeben sind, werden im oberen Teil des Bildes, im kontinuierlichen Umwandlungs-Schaubild durch Punkte auf der Temperaturlinie $500°$ wiederholt. Damit ist der Ausschnitt, den die Stirnabschreckprobe im Umwandlungs-Schaubild umfaßt, noch einmal deutlich gemacht. Das Schaubild gilt für die mittlere, durch die Strichdicke hervorgehobene Härtbarkeitskurve 4. Die Zusammensetzung des durch diese Kurve gekennzeichneten Stahles 4 ist auch in der Zusammenstellung der Stahlzusammensetzungen der Stähle 1 bis 5 durch stärkere Umrandung hervorgehoben. Liegen die Härtewerte einer Schmelze oberhalb oder erscheinen sie nach rechts verschoben, so verschieben sich die Linien des Schaubildes nach rechts, die betreffende Schmelze ist umwandlungsträger; liegen sie unterhalb oder nach links verschoben, so verschieben sich die Umwandlungsbereiche nach links, der Stahl ist umwandlungsfreudiger. Wenn der Betrag der Verschiebung aus dem unterschiedlichen Abstand für gleiche Härtewerte abgeschätzt werden soll, so geht dies nur, wenn die Kohlenstoffgehalte der verglichenen Schmelzen die gleichen sind. Sind sie verschieden, so ist gleiche Härte bei verschiedenen Abständen von

Chemische Zusammensetzung in %	Schmelze	C	Si	Mn	P	S	Cr	Cu	Mo	Ni	V
	1	0,30	0,28	0,56	0,017	0,023	0,99	0,24	0,21	0,24	0,01
	2	0,27	0,21	0,62	0,020	0,009	1,23	0,16	0,29	0,41	<0,01
	3	0,24	0,14	0,64	0,024	0,017	0,99	0,17	0,17	0,21	<0,01
	4	0,23	0,25	0,64	0,010	0,011	0,97	0,16	0,23	0,33	<0,01
	5	0,22	0,20	0,60	0,014	0,013	0,97	0,16	0,23	0,38	0,01

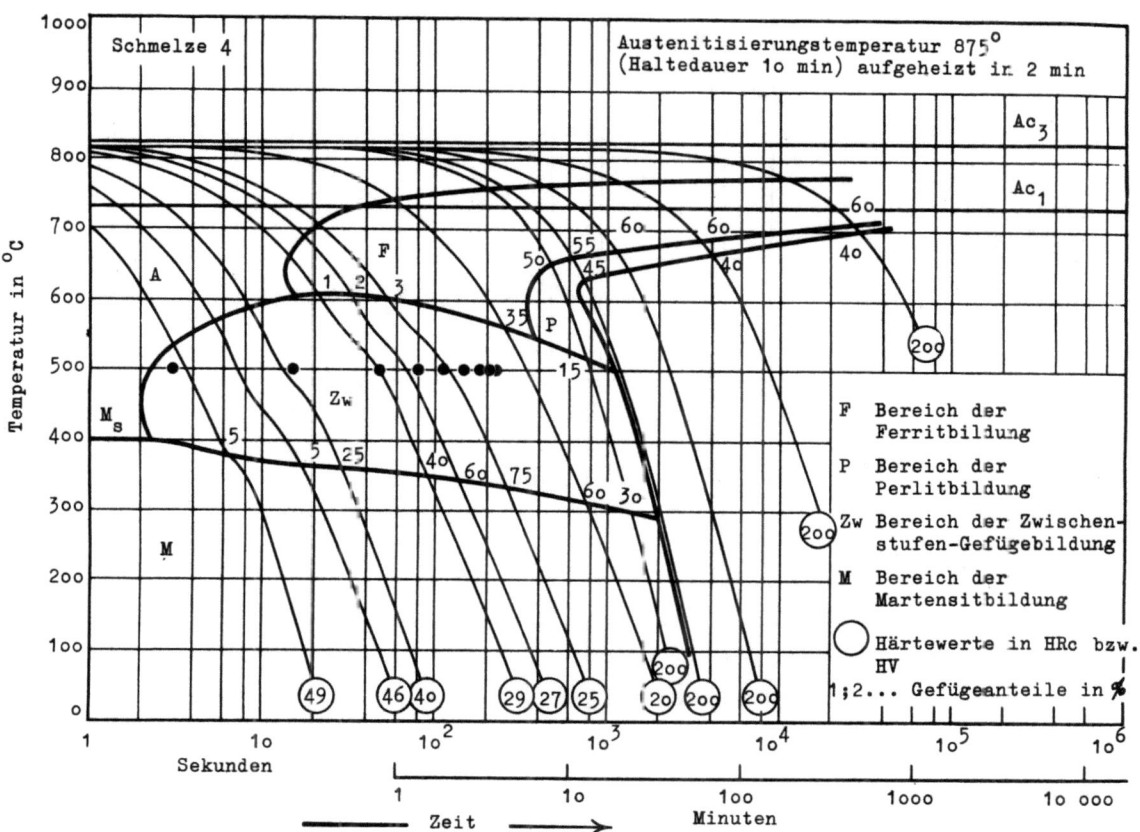

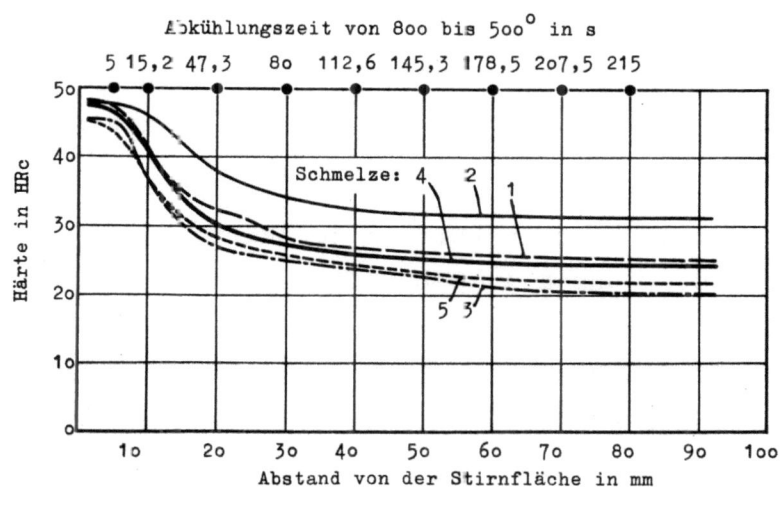

A b b i l d u n g 5

Zusammenhang zwischen Streuungen in der Härtbarkeit und dem Umwandlungsverhalten bei verschiedenen Schmelzen des Stahles 25 CrMo4

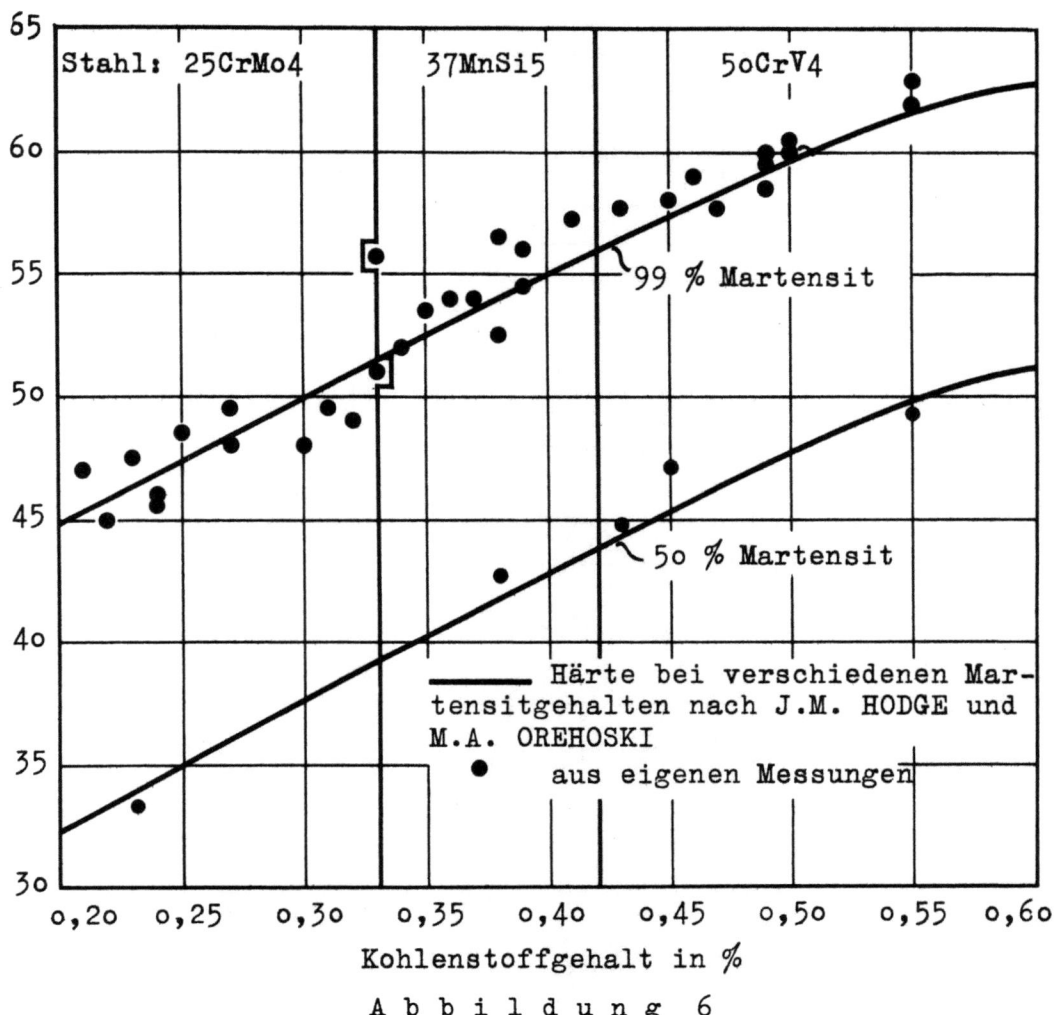

Abbildung 6
Abhängigkeit der Härte vom Kohlenstoffgehalt für Gefüge
mit verschiedenem Martensitgehalt

der Stirnfläche oder bei verschiedenen Abkühlungsvorgängen kein Hinweis mehr für die Gleichheit des Gefüge- oder Umwandlungszustandes.

Eine Aussage über die Härtewerte gleicher Gefügezustände bei unterschiedlichem Kohlenstoffgehalt kann im Bereich der Härtungsgefüge den Untersuchungen von J.M. HODGE und M.A. OREHOSKI (5) entnommen werden, die feststellten, daß bei einem Gefüge mit bestimmtem Martensitgehalt allein der Kohlenstoffgehalt die Härte bestimmt (Abb. 6). In das Bild sind die Ergebnisse eigener Messungen für vollständige Martensitbildung und für Gefüge mit 50 % Martensit eingetragen. Sie stimmen mit den angegebenen Kurven sehr gut überein. Es ist hiernach möglich, beispielsweise die Härtewerte für ein Gefüge mit 50 % Martensit für verschiedene Kohlen-

Stoffgehalte festzustellen und aus deren unterschiedlichem Abstand auf der Stirnabschreckprobe auf die Verschiebung des Schaubildes zu schliessen. Für die Schmelze 4 mittlerer Härtbarkeit, für die auch das Schaubild gilt, ergibt sich danach ein Härtewert von etwa 34 HRc, dementsprechend ein Abstand von etwa 15 mm oder eine Abkühlungszeit bis auf $500°$ von etwa 30 s. Für den Stahl 3 beträgt der Härtewert entsprechend dem geringfügig höheren Kohlenstoffgehalt etwa 34,5 HRc; daraus ergibt sich ein Abstand von etwa 10 mm oder eine Abkühlungszeit von etwa 15 s. Das Schaubild für die Schmelze 3 wird also in dem Bereich um etwa 15 s zu kürzeren Zeiten verschoben sein. Nach den gleichen Überlegungen ergibt sich für die Schmelze 2 eine Verschiebung um etwa 25 s zu längeren Zeiten.

Einen anderen kennzeichnenden Fall der Streuung von Härtbarkeitskurven verschiedener Schmelzen beschreibt Abbildung 7 für den Stahl 50 CrV 4. Hier treten neben den soeben beschriebenen Streukurven solche auf, die nach dem Steilabfall einen Wendepunkt in ihrem Verlauf zeigen, z.B. Schmelze 1 und 5. Derartige Kurven wurden beobachtet bei den Stählen 34 Cr 4, 41 Cr 4, 50 CrV 4 und 42 MnV 7. Das ZTU-Bild mit den ausgezogenen Linien, das zur Schmelze 1 gehört, erklärt diesen Verlauf dadurch, daß der erste Steilabfall durch schnelle Zunahme des an sich weichen Zwischenstufengefügeanteils entsteht und der Wiederanstieg oder die Verzögerung des weiteren Abfalles durch Perlitgefüge verhältnismäßig hoher Härte. Die Härtekurve der Schmelze 2 zeigt keinen Wendepunkt und liegt oberhalb der eben beschriebenen. Diesen Fall zeigt das gestrichelte ZTU-Bild. Die Mengen des Zwischenstufengefüges sind hier wesentlich geringer, der Beginn der Bildung ist nach rechts verschoben, und die Perlitmengen sind so gering, daß es nicht zu einem Wiederanstieg kommt. Der letzte Fall wird im allgemeinen dann eintreten, wenn der Kohlenstoffgehalt verhältnismäßig niedrig ist. Eine ähnliche Verschiebung der Umwandlungslinien wird auch bei einer Erhöhung der Austenitisierungstemperatur beobachtet. Es ist also zu erwarten, daß Härtekurven mit Wiederanstieg oder Wendepunkt diesen kennzeichnenden Verlauf verlieren, wenn das Abschrecken von höherer Temperatur erfolgt. Tatsächlich zeigt in Abbildung 8 die Härtekurve der Schmelze 1 nach Abschrecken von $1050°$ einen Verlauf ohne Wendepunkt wie die Schmelzen 2 und 4 in Abbildung 6.

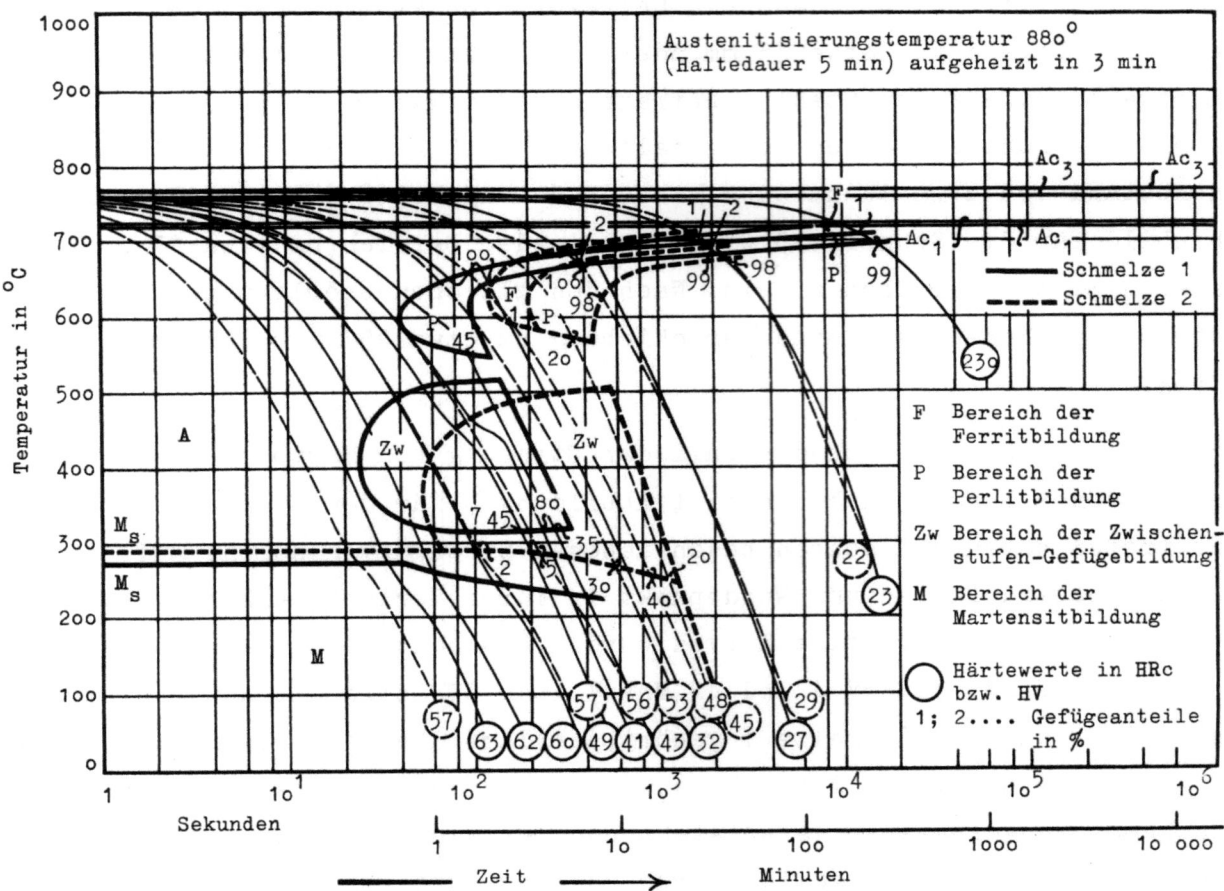

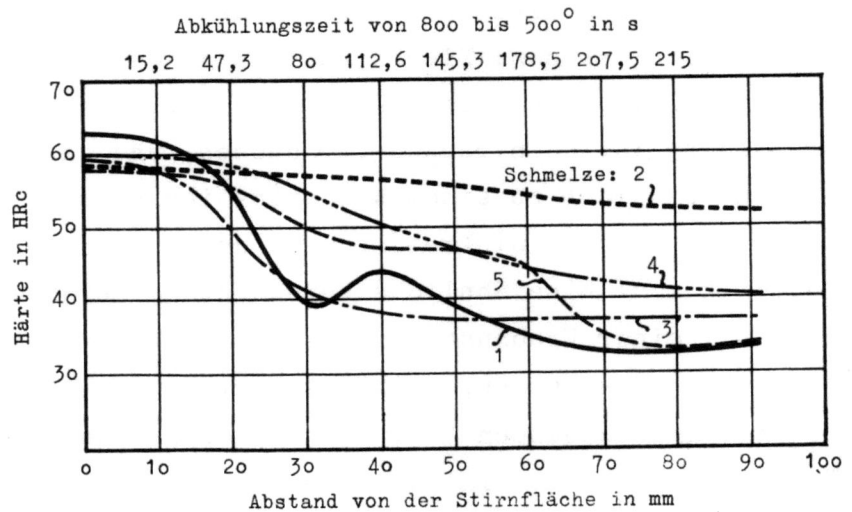

Abbildung 7

Zusammenhang zwischen Streuungen in der Härtbarkeit und dem Umwandlungsverhalten bei verschiedenen Schmelzen des Stahles 50 CrV 4

Chemische	C	Si	Mn	P	S	Cr	Cu	Mo	Ni	V
Zusammensetzung	0,55	0,22	0,98	0,017	0,013	1,02	0,07	-	0,01	0,11

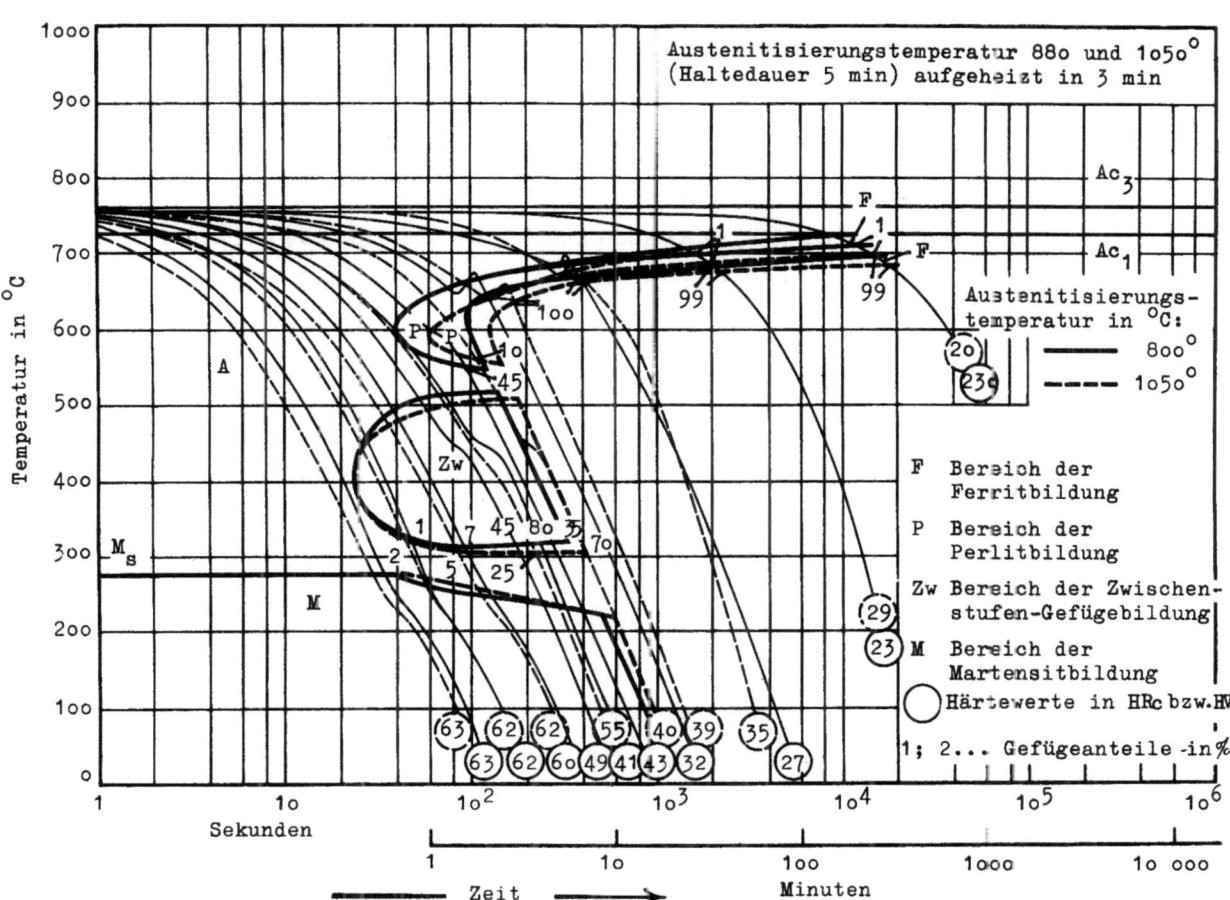

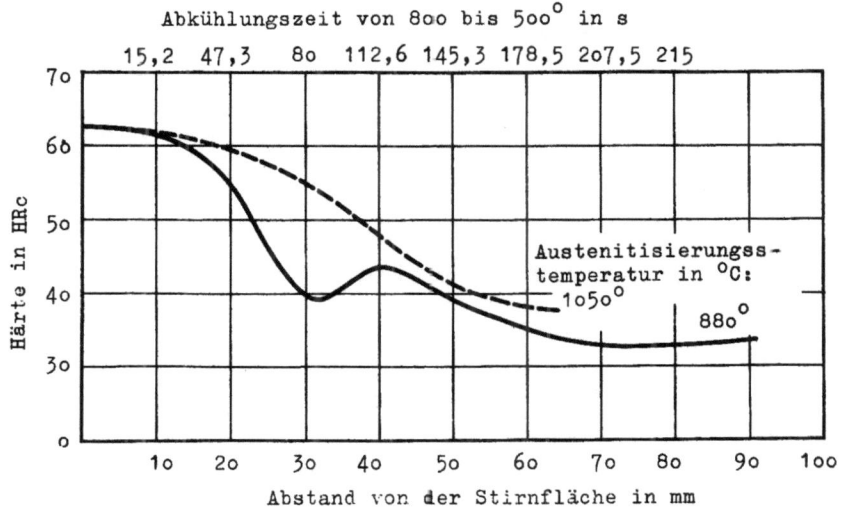

Abbildung 8

Einfluß der Austenitisierungstemperatur auf das Umwandlungsverhalten und die Härtbarkeit von Schmelze 1 des Stahles 50 CrV 4

Forschungsberichte des Wirtschafts- und Verkehrsministeriums Nordrhein Westfalen

Zusammenhang zwischen Durchhärteprüfung und Stirnabschreckprüfung

Dadurch, daß sowohl jedem Punkt des Querschnitts einer Rundprobe als auch jedem Punkt der Meßfläche der Stirnabschreckprobe ein bestimmter Abkühlungsvorgang zugeordnet ist, wird augenfällig, in welcher Weise aus der Stirnabschreckhärtekurve Aussagen über die Einhärtung bestimmter Querschnitte gemacht werden können. In Abbildung 9a ist die Stirnabschreckhärtekurve unter Benutzung der Abbildung 4 mit einem Maßstab versehen, der jedem Punkt der Stirnabschreckprobe den entsprechenden Abkühlungsvorgang zuordnet. Mit Hilfe dieser Teilung sind für eine Probe von etwa 1oo mm Dmr. die Punkte des Querschnitts mit denselben Abkühlungszeiten unter die Abszissenachse geschrieben. Da die Härtewerte sich an den Stellen entsprechen müssen, an denen die Abkühlungsvorgänge die gleichen sind, sind die zu den Querschnittspunkten gehörigen Härtewerte unmittelbar aus der Stirnabschreckhärtekurve abzulesen. In der Einhärtungskurve in Teil b der Abbildung 9 werden diese den unmittelbar gemessenen Härtewerten gegenübergestellt. Die Übereinstimmung ist befriedigend, besonders dann, wenn man diese einfachen Zusammenhänge mit den wesentlich unübersichtlicheren rechnerischen und graphischen Verfahren von T.F. RUSSEL und J.C. WILLIAMSON (4) sowie M.A. GROSSMANN, M. ASIMOW und S.F. URBAN (6) vergleicht, die ebenfalls zum Ziel haben, die Einhärtung beliebiger Querschnitte aus der Stirnabschreckprobe zu bestimmen. Ein besonderer Vorteil des hier dargelegten Verfahrens ist, daß die Abkühlungsvorgänge für jeden Querschnitt und jedes Kühlmittel nicht durch Näherungsrechnungen sondern mit Hilfe des Schaubildes im einzelnen bestimmt werden. Es muß jedoch betont werden, daß dieses Abschätzungsverfahren nur dann angewendet werden sollte, wenn ein kontinuierliches Umwandlungs-Schaubild nicht vorhanden ist. Alle Aussagen aus dem Umwandlungs-Schaubild auch über den Einhärtungsverlauf haben wesentlich größere Genauigkeit. Das wird besonders deutlich bei kleineren Querschnitten als 1oo mm Dmr. (2).

Härtbarkeitskennzahlen

Neben dem Wunsch nach einer möglichst vollständigen Beschreibung des Umwandlungsverhaltens eines Stahles, wie sie durch das Umwandlungs-Schaubild gegeben ist, wird immer der andere stehen, gleichsam als Zusammenfassung dieser Beschreibung eine Zahlenangabe zu gewinnen, die die

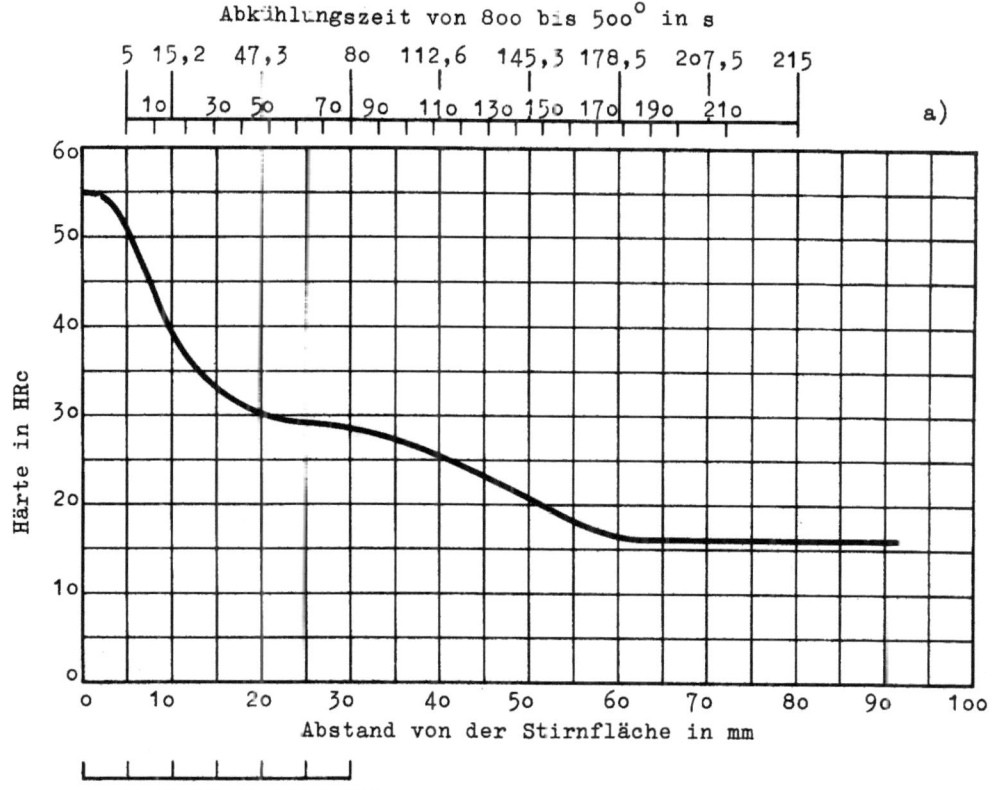
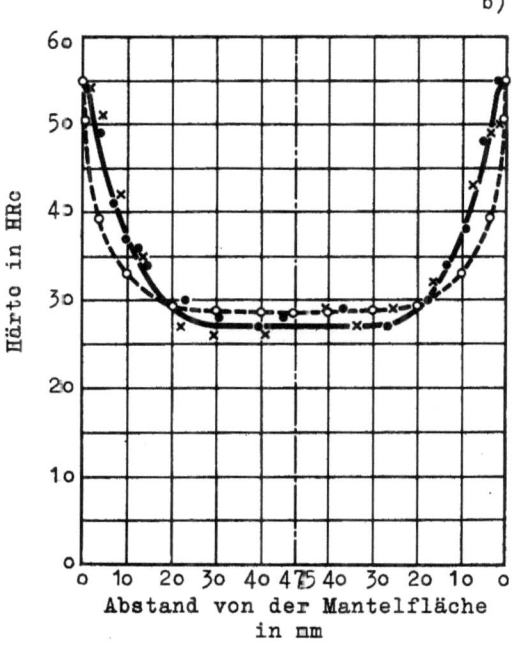

Abbildung 9

Zusammenhang zwischen Stirnabschreckhärtekurve und Einhärtung eines Querschnittes von 95 mm Dmr. für Stahl 34 Cr 4

Werkstoffeigenschaft der Härtbarkeit möglichst kurz, vollständig und eindeutig in einem Zahlenwert erfaßt. Erst auf diese Weise wird ein schneller Vergleich und ein Einordnen von Stählen und Stahlsorten möglich.

Allen aus diesem Wunsch heraus entwickelten Kennzahlen muß im kontinuierlichen Umwandlungs-Schaubild jeweils ein äquivalenter Wert entsprechen. Es muß die Möglichkeit bestehen, die verschiedenen Werte aufeinander zu beziehen und sie auf eine gemeinschaftliche physikalische Wurzel zurückzuführen.

Der älteste Begriff, der unter diesem Gesichtspunkt geprägt wurde, ist die "kritische Abkühlungsgeschwindigkeit", der aus Umwandlungsversuchen von A. PORTEVIN und M. GARVIN (7) stammt. Er ist physikalisch eindeutig und gibt die kleinste Abkühlungsgeschwindigkeit an, bei der noch reiner Martensit entsteht. Der Zusammenhang mit dem Umwandlungs-Schaubild ist klar. Die kritische Abkühlungsgeschwindigkeit ist aus derjenigen Abkühlungskurve zu entnehmen, die gerade an den Feldern der Perlit- und Zwischenstufe vorbeiführt (Abb. 1o). An Stelle der Abkühlungsgeschwindigkeit, die auf eine bestimmte Temperatur bezogen sein muß, kann, wie schon früher erwähnt, auch die Abkühlungszeit, bezogen auf einen bestimmten Temperaturbereich, zur Beschreibung dieses kritischen Abkühlungsvorganges benutzt werden. Die Abkühlungszeit läßt sich, wenn man ebenso wie in dem Vorschlag von A. ROSE und W. STRASSBURG den Bereich von Ac_3 bis 500° wählt, unmittelbar aus dem Schaubild ablesen. Sie beträgt im Fall des Stahles 42 MnV 7 (Abb. 1o) 5 Sekunden und wird als kritische Abkühlungszeit für die Martensitbildung mit K_m bezeichnet.

Eine andere Kennzahl, die Wandlungskennzahl WKZ von J. KUBASTA (8), aufgebaut auf praktischen Einhärtungsversuchen, gibt an, welcher Querschnitt bei Abschrecken in einem bestimmten Kühlmittel gerade vollständig durchhärtet, und zwar derart, daß der Härteunterschied vom Kern zum Rand nicht mehr als 5 % beträgt. Die Wandlungskennzahl nach KUBASTA muß außer dem Durchmesser und der Härtetemperatur noch die Angabe über die Art des Kühlmittels enthalten. Im Vergleich mit dem Umwandlungs-Schaubild bedeutet die Wandlungskennzahl die Umschreibung desjenigen Abkühlungsvorganges, der im Kern gerade nicht mehr zu vollständiger Martensitbildung führt. Dieser Abkühlungsverlauf liegt dicht neben demjenigen, der durch die kritische Abkühlungsgeschwindigkeit oder durch die kritische Abkühlungszeit beschrieben wird.

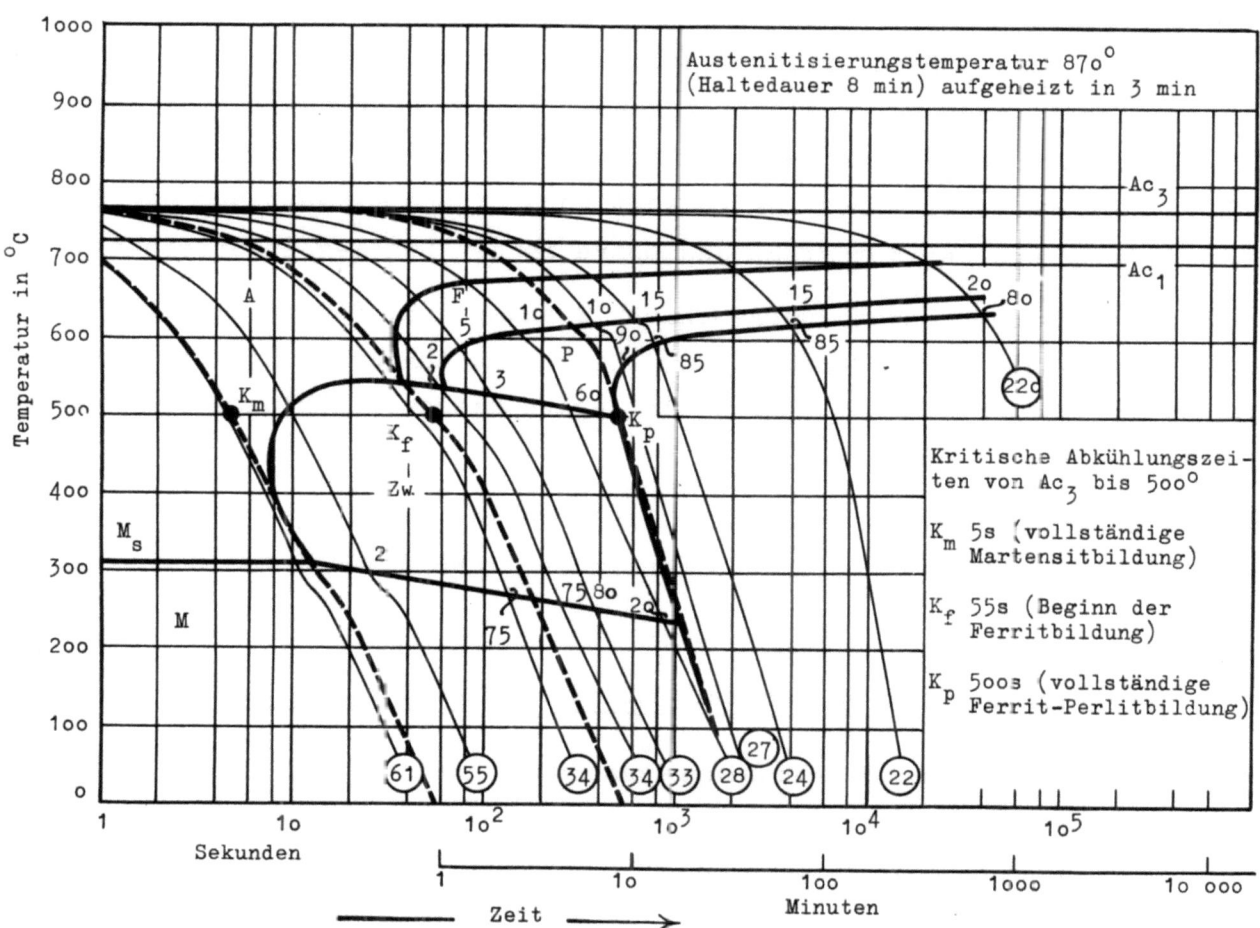

Abbildung 10
Kritische Abkühlungszeiten des Stahles 42 MnV 7

M.A. GROSSMANN, M. ASIMOW und S.F. URBAN (6) gehen bei der Festlegung ihres Härtbarkeitskennwertes von der Erwägung aus, daß nicht so sehr die Erzielung vollständiger Martensitbildung wesentlich sei, als vielmehr derjenige Durchmesser, der mit 50 % Martensit im Kern noch gerade ausreichend durchhärtet. Erfahrungsgemäß ist ein derartiger Martensitanteil im Gefüge genauer zu bestimmen als Beginn oder Ende der Martensitbildung. Den Durchmesser einer zylindrischen Probe, die diese Bedingungen gerade erfüllt, bezeichnen sie als kritischen Durchmesser D_k. Um von weiteren Einflußgrößen frei zu werden, beziehen sie den kritischen Durchmesser auf ein ideales Abschreckmittel mit der Abschreckintensität $H = \infty$ und bezeichnen den Durchmesser dann als idealen Durchmesser D_I. Die Bestimmung erfolgt aus mindestens zwei Einhärtungsversuchen an verschiedenen Querschnitten oder aus dem Ergebnis des Stirnabschreckhärteversuchs, wobei der Abstand für denjenigen Härtewert zu bestimmen ist, der einem Martensitanteil von 50 % entspricht. Nach Abbildung 6 hängt dieser Härtewert im wesentlichen vom Kohlenstoffgehalt ab. Er kann aus einmal gegebenen Unterlagen entnommen werden. Darüber hinaus ist von M.A. GROSSMANN (9) ein weiterer Vorschlag gemacht worden, den D_I-Wert aus der Zusammensetzung und der Korngröße des betreffenden Stahles zu errechnen.

Im kontinuierlichen Umwandlungs-Schaubild entspricht dem idealen kritischen Durchmesser nach GROSSMANN derjenige Abkühlungsvorgang, der zur Bildung von 50 % Martensit führt. Die Angabe dieses Abkühlungsvorganges kann den D_I-Wert ersetzen.

Jeder einzelne dieser Kennwerte stellt gleichsam die nur sehr begrenzte Aussage eines Schnittes durch das kontinuierliche Umwandlungs-Schaubild dar.

Kennzeichnung der Härtbarkeit aus dem Umwandlungs-Schaubild

Die Angabe der kritischen Abkühlungsgeschwindigkeiten setzt einen bestimmten Abkühlungsverlauf, z.B. eine Newton'sche Abkühlung, voraus und muß auf eine bestimmte Temperatur bezogen sein. Die Anwendung des Begriffs "Abkühlungsgeschwindigkeit" ist für den Betriebsmann unanschaulich und unnötig auf genau bestimmte Abkühlungsvorgänge eingeschränkt. Die Messung der Abkühlungsgeschwindigkeit ist zudem nicht unmittelbar möglich. Einfacher erscheint es, den kritischen Abkühlungsvorgang dadurch zu kennzeichnen, daß die Abkühlungszeit für einen bestimmten Temperaturbereich angegeben wird. Die Ac_3-Temperatur ist aus den gleichen Gründen, die für den Beginn der Zeitzählung im ZTU-Bild für kontinuierliche Abkühlung maßgebend waren, als Ausgangstemperatur dieses Bereiches vorgegeben. Die untere Grenze des Temperaturbereiches ist dadurch bestimmt, daß die zeitabhängigen Umwandlungen im wesentlichen abgelaufen sein sollen.

Bei den hier besprochenen Stählen ist unter diesen Gesichtspunkten die untere Temperaturgrenze bei 500° festzulegen. Neben der Angabe der kritischen Abkühlungszeit K_m erscheint die Kennzeichnung sowohl der Abkühlungszeit für das erste Auftreten von Ferrit als auch der Abkühlungszeit für das erste Auftreten vollständiger Perlitbildung zweckmäßig. Im allgemeinen wird die kritische Abkühlungszeit K_m durch die Zeit-Temperaturlage des Gebietes der Zwischenstufenumwandlung bestimmt, d.h. bei Abkühlungsvorgängen mit längeren Abkühlungszeiten als K_m tritt Zwischenstufengefüge neben Martensit auf. Wird der Abkühlungsvorgang weiter verlangsamt, so bildet sich bei Abkühlungszeiten von 55 s beim Stahl 42 MnV 7 als weiterer Gefügebestandteil Ferrit. Die kritische Abkühlungszeit für die Ferritbildung sei mit K_f bezeichnet; ihre Ermittlung erscheint zweckmäßig, da die Eigenschaften eines vergüteten Werkstoffes mit dem Auftreten von Ferrit im Gefüge wesentlich geändert werden (1o). Bei Abkühlungszeiten von 80 s beim Stahl 42 MnV 7 tritt erstmalig Perlit als weiterer Gefügebestandteil auf. Bei einer Abkühlungszeit K_p von 5oo s wird erstmalig vollständige Perlitbildung erzielt. Allgemein ist damit auch gleichzeitig die Grenze gekennzeichnet, bei der die letzten Martensitanteile im Gefüge verschwinden, sie entspricht somit der unteren kritischen Abkühlungsgeschwindigkeit.

Zur Kennzeichnung der Härtbarkeit benutzt GROSSMANN einen Gefügezustand mit 5o % Martensit im Kern der Probe und auf der Stirnabschreckprobe. Um einen Zusammenhang mit dieser Begriffsbestimmung herzustellen, kann die kritische Abkühlungszeit K_{5o}, bei der im Gefüge 5o % Martensit auftritt, aus dem ZTU-Bild für stetige Abkühlung bestimmt werden.

Mit diesen drei oder vier Kennwerten werden die wesentlichen Aussagen des Umwandlungs-Schaubildes zusammengefaßt und das Umwandlungsverhalten über die reine Martensitbildung hinaus auch für die Ferrit- und Perlitbildung beschrieben. Eine Zusammenstellung derartiger kritischer Abkühlungszeiten für eine Reihe von Einsatz- und Vergütungsstählen zeigt die Abbildung 11. Die Stähle sind nach ihrem Kohlenstoffgehalt geordnet. Das Bild ermöglicht einen Vergleich der verschieden legierten Stähle nach ihrer Härtbarkeit und darüber hinaus nach dem Auftreten von Zwischenstufengefüge, Ferrit und Perlit, und schließlich können die Mindestkühlzeiten, die zur Erzielung eines perlitischen Gefüges ohne Zwischenstufengefüge und Martensit notwendig sind, daraus abgelesen werden. Beim Vergleich der Abkühlungszeiten ist zu berücksichtigen, daß die Ac_3-Temperatur bei den kohlenstoffärmsten Stählen bei etwa $840°$ und bei den kohlenstoffreichsten Stählen bei etwa $760°$ liegt. Würden die Abkühlungszeiten einheitlich auf $800°$ bezogen, so würde das bei den kohlenstoffreichsten Stählen eine

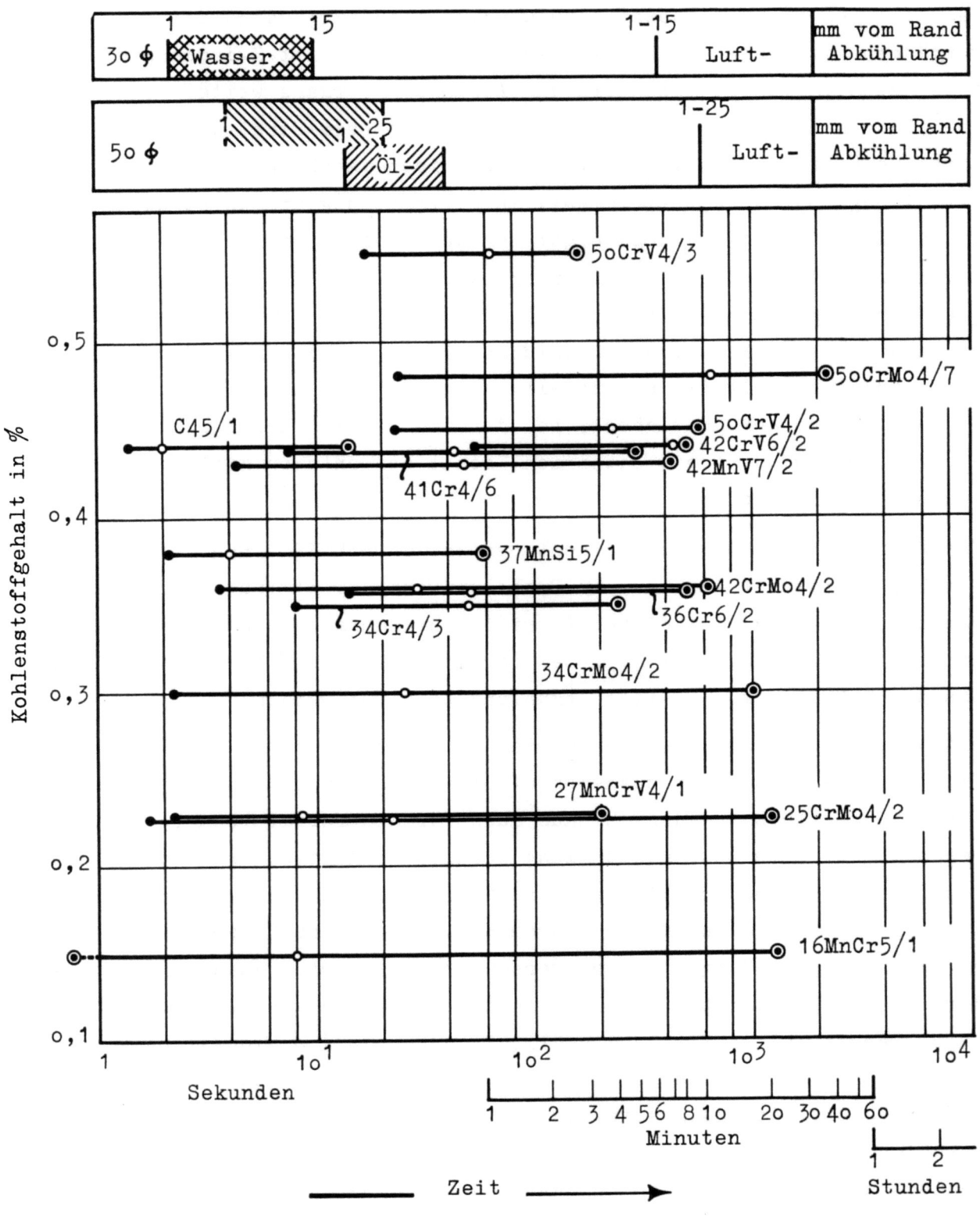

Abbildung 11

Kritische Abkühlungszeiten, gemessen vom Durchlaufen des A_3-Punktes bis 500°

Forschungsberichte des Wirtschafts- und Verkehrsministeriums Nordrhein Westfalen

Verlängerung der Kühlzeiten von 1 bis 2 s und bei den kohlenstoffärmsten Stählen eine Verkürzung um 0,1 bis 0,2 s bedeuten. Dieser Fehler ist bei einer derartigen Betrachtung in Kauf zu nehmen.

Der kritische Abkühlungsvorgang für vollständige Martensitbildung wird, wie die Zusammenstellung zeigt, bei allen Stählen durch die Lage der Zwischenstufenumwandlung bestimmt. Die Perlitumwandlung zeigt erst dann kurze Anlaufzeiten, wenn die Legierungsgehalte verhältnismäßig klein sind. Die K_p-Werte lassen keine eindeutige Abhängigkeit vom Kohlenstoffgehalt erkennen; sie sind auch den K_m-Werten nicht unmittelbar verhältnisgleich. Das zeigt die Aufstellung über die kritischen Abkühlungszeiten für die ziemlich gleich legierten Stähle der Chrom-Molydän-Reihe nach Tabelle 1.

Tabelle 1

Kritische Abkühlungszeiten der Vergütungsstahlreihe mit rd. 1 % Cr und 0,2 % Mo

Stahl	Chemische Zusammensetzung in %								Kritische Abkühlungszeiten in s		
	C	Si	Mn	P	S	Cr	Mo	Ni	K_m	K_f	K_p
25 CrMo 4	0,23	0,25	0,64	0,010	0,011	0,97	0,23	0,33	1,3	15	180
34 CrMo 4	0,30	0,22	0,64	0,011	0,012	1,01	0,24	0,11	1,8	18	720
42 CrMo 4	0,36	0,23	0,64	0,019	0,013	0,99	0,16	0,08	2,2	20	500
50 CrMo 4	0,50	0,32	0,80	0,017	0,022	1,04	0,24	0,11	18	580	1600

Die kritischen Abkühlungszeiten können zu den Abkühlungsvorgängen in Proben bestimmter Querschnitte in Beziehung gesetzt werden.

Die Abkühlungszeiten zu jedem Punkt des ausgewählten Querschnitts lassen sich, wie oben beschrieben, neben der unmittelbaren Messung auch aus Gefügezusammensetzung und Härte mit Hilfe des Schaubildes ermitteln. In Abbildung 11 sind die Abkühlungszeiten für Rand und Kern einer Probe mit 30 mm Dmr. bei Wasser- und Luftabkühlung und für Rand und Kern einer Probe mit 50 mm Dmr. bei Wasser-, Öl- und Luftabkühlung über den kritischen Abkühlungszeiten eingetragen. Die Abkühlungszeiten sind hier von einer mittleren Temperatur von 795° gerechnet; diese Temperatur entspricht etwa dem Mittel der Ac_3-Temperatur der eingetragenen Stähle. Mit Hilfe dieser Darstellung läßt sich aus Abbildung 11 ablesen, daß z.B. von den dargestellten Stählen nur der Stahl 50 CrV 4, Schmelzen 2 und 3, und der Stahl 50 CrMo 4, Schmelze 1, in Wasser bei einem Querschnitt von 30 mm Dmr. völlig durchhärten. Bei der Schmelze 50 CrV 4/2 scheint dies auch bei einem Durchmesser von 50 mm noch möglich zu sein. Diese Feststellungen stimmen mit den Versuchsergebnissen überein.

Nachprüfung der Härtbarkeitskennziffern, insbesondere des D_I-Wertes, mit Hilfe des kontinuierlichen ZTU-Schaubildes

Im folgenden soll der Zusammenhang der bisherigen Härtbarkeitsdefinitionen mit dem Umwandlungs-Schaubild quantitativ nachgeprüft werden. Zu diesem Zweck ist der D_I-Wert nach GROSSMANN ausgewählt, der die am weitesten verbreitete Kennzahl darstellt. Er wird verglichen mit dem Schnitt durch das Schaubild, der die Bildung von 50 % Martensit beschreibt. Dieser Schnitt entspricht dem Abkühlungsvorgang, dessen Abkühlungszeit mit K_{50} bezeichnet werden soll. In Abbildung 12 sind die idealen kritischen Durchmesser und die Abkühlungszeiten K_{50} für 15 Vergütungsstähle einander gegenübergestellt. Zusammensetzung und Korngröße der Stähle sind in Tabelle 2, die zugehörigen Zahlenwerte in Tabelle 3 angegeben. Die in Abbildung 12 aufgeführten Stähle sind nach dem D_I-Wert, wie er sich nach GROSSMANN aus der Korngröße und der Zusammensetzung errechnet, mit abnehmender Härtbarkeit geordnet; man sieht, daß nur ein grober qualitativer Zusammenhang mit den D_I-Werten aus der Stirnabschreckprobe besteht. Besonders deutlich wird dies bei dem Vergleich des Stahles 2 mit 4 und 3 sowie bei den Stählen 6, 1, 13, 10, 15, 11 und 8, die sich in bezug auf den errechneten Wert nicht unterscheiden, obwohl sie sich in der Stirnabschreckprüfung sehr verschieden verhalten. Dagegen ist die Übereinstimmung des D_I-Wertes aus der Stirnabschreckprobe mit der aus dem Schaubild entnommenen Abkühlungszeit K_{50} gut in dem Sinne, daß die Reihenfolge der Härtbarkeit durch die beiden Werte bis auf wenige geringfügige Ausnahmen, wie bei den Stählen 10 und 15, gleichlaufend wiedergegeben wird. Die Abkühlungszeit hebt jedoch die Unterschiede in der Härtbarkeit noch wesentlich stärker hervor als der Wert D_I.

Nach den Zusammenhängen zwischen dem Ergebnis der Stirnabschreckprüfung und dem Umwandlungs-Schaubild ist leicht einzusehen, daß die Kennzahl K_{50} auch aus der Stirnabschreckhärtekurve entnommen werden kann, wenn ein Schaubild für den betreffenden Stahl nicht vorliegt. Es ist dazu nichts

Tabelle 2

Chemische Zusammensetzung untersuchter Vergütungsstähle

Lfd. Nr.	Stahl	Korngröße [1]	% C	% Si	% Mn	% P	% S	% Cr	% Cu	% Mo	% Ni	% V
1	50CrV4/3	10 bis 11	0,55	0,22	0,98	0,017	0,013	1,02	0,07	0,00	0,01	0,11
2	50CrMo4/7	7 bis 8	0,50	0,32	0,80	0,017	0,022	1,04	0,17	0,24	0,11	0,01
3	(50CrV4/2) [2]	10 bis 11	0,45	0,35	1,04	0,032	0,012	1,22	0,16	0,05	0,05	0,13
4	42CrV6/2	9 bis 10	0,44	0,26	0,75	0,016	0,019	1,70	0,18	0,08	0,17	0,09
5	41Cr4/6	7	0,44	0,22	0,81	0,030	0,023	1,04	0,17	0,04	0,26	0,01
6	42MnV7/2	8	0,43	0,28	1,67	0,021	0,008	0,32	0,06	0,03	0,11	0,10
7	(50CrV4/1) [2]	7 bis 8	0,43	0,41	0,82	0,041	0,015	1,22	0,14	0,00	0,04	0,11
8	41Cr4/2	8	0,41	0,25	0,71	0,031	0,024	1,06	0,17	0,02	0,22	0,01
9	37MnSi5/1	9	0,38	1,05	1,14	0,041	0,019	0,23	0,00	0,00	0,00	0,02
10	(42CrMo4/2) [2]	8 bis 9	0,36	0,23	0,64	0,019	0,013	0,99	0,17	0,16	0,08	0,01
11	36Cr6/2	7 bis 8	0,36	0,25	0,49	0,021	0,020	1,54	0,16	0,03	0,21	0,01
12	34Cr4/3	9	0,35	0,23	0,65	0,026	0,013	1,11	0,18	0,05	0,23	0,01
13	34CrMo4/2	9	0,30	0,22	0,64	0,011	0,012	1,01	0,19	0,24	0,11	0,01
14	(27MnCrV4/1) [1]	8	0,23	0,21	1,06	0,014	0,020	0,79	0,17	0,02	0,18	0,10
15	25CrMo4/2	8 bis 9	0,23	0,25	0,64	0,010	0,011	0,97	0,16	0,23	0,33	0,01

1) Nach der Stufung der Norm E 19-46 der American Society for Testing Materials; durch Abschrecken aus dem Austenitgebiet ermittelt.

2) Die Zusammensetzungen der Stähle mit eingeklammerter Bezeichnung liegen außerhalb der Zusammensetzungsgrenzen nach DIN 17 200.

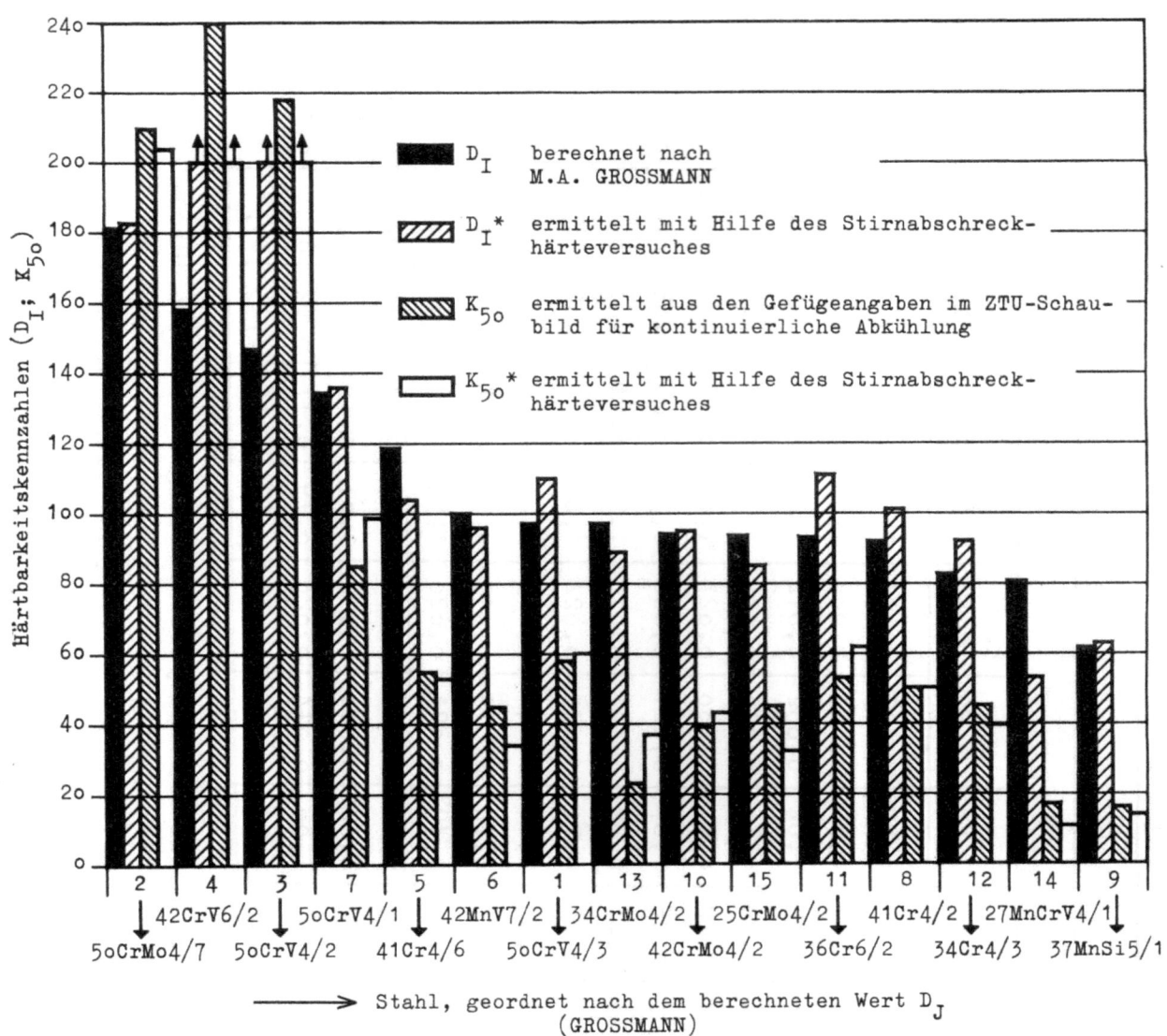

Abbildung 12

Härtbarkeitskennzahlen für verschiedene Vergütungsstähle

weiter notwendig, als, ebenso wie bei der Bestimmung des D_I-Wertes, den Abstand des Härtewertes für 50 % Martensit vom abgeschreckten Ende (A_{50} in Tabelle 3) festzustellen und aus dem Kurvenverlauf, der den Abständen die Abkühlungszeiten zuordnet (Abb. 4), die entsprechende Abkühlungszeit zu entnehmen (Wert K_{50}). Der mittlere prozentuale Fehler zwischen den Zahlenwerten dieser auf verschiedene Weise bestimmten Abkühlungszeiten ist verhältnismäßig klein, er beträgt ± 8,1 %. Die Übereinstimmung mit D_I ist selbstverständlich gut, da beide Kennziffern den Meßwert A_{50} benutzen.

Tabelle 3

Härtbarkeitskennzahlen der Vergütungsstähle nach Tabelle 2

1	2	3	4	5	6	7	8	9
Lfd. Nr.	Stahl	% C	Härte für 50 % Martensit HRc [1]	A_{50} [2] mm	D_I [3] mm	D_I^* [4] mm	K_{50} [5] s	K_{50}^* [6] s
1	50CrV4/3	0,55	49,9	23,3	97,2	110	58	60
2	50CrMo4/7	0,50	47,8	66,0	181,7	183	210	210
3	(50CrV4/2)	0,45	45,3	>100	147,1	>200	218	>200
4	42CrV 6/2	0,44	44,7	>100	158,5	>200	240	>200
5	41Cr4/6	0,44	44,7	21,4	118,8	104	55	53
6	42MnV7/2	0,43	44,2	15,7	100,1	96	45	34
7	(50CrV4/1)	0,43	44,2	35,0	134,7	136	85	99
8	41Cr4/2	0,41	43,2	20,7	92,0	101	50	50
9	37MnSi5/1	0,38	41,7	9,4	61,4	63	16	14
10	(42CrMo4/2)	0,36	40,7	18,3	94,1	95	39	43
11	36Cr6/2	0,36	40,7	24,0	93,0	111	53	62
12	34Cr4/3	0,35	40,2	17,3	82,4	92	45	39,5
13	34CrMo4/2	0,30	37,6	16,8	97,1	89	23	37
14	(27MnCrV4/1)	0,23	33,9	7,5	80,6	53	17	10,5
15	25CrMo4/2	0,23	33,9	15,1	93,6	85	45	32

1) Ermittelt nach dem von J.M. HODGE u. M.A. OREHOSKI (Amer.Inst.min. metall.Engrs., Techn.Publ. Nr. 1994, Metals Techn.13 (1946) Nr.3) angegebenen Zusammenhang zwischen der Härte von Gefügen mit verschiedenem Martensitanteil und dem Kohlenstoffgehalt.

2) A_{50}: Abstand von der Stirnfläche der Stirnabschreckprobe für ein Gefüge mit einem Martensitanteil von 50 % auf Grund des Härtewertes in Spalte 4.

3) D_I: Idealer Durchmesser nach M.A. GROSSMANN (Metal Progr.43 (1943) Nr.3) aus der Zusammensetzung und Korngröße errechnet.

4) D_I^*: Idealer Durchmesser nach M. ASIMOW, W.F. CRAIG u. M.A. GROSSMANN (S.A.E.J.49 (1941) S. 283/92) aus dem Stirnabschreckversuch.

5) K_{50}: Abkühlungszeit von Ac_3 bis $500°$ für ein Gefüge mit einem Martensitanteil von 50 %, ermittelt aus dem ZTU-Schaubild für kontinuierliche Abkühlung.

6) K_{50}^*: Abkühlungszeit von Ac_3 bis $500°$ für ein Gefüge mit einem Martensitanteil von 50 %, ermittelt aus dem A_{50}-Wert nach Spalte 5 und der zugehörigen Abkühlungszeit auf der Stirnabschreckprobe.

Die Zusammenstellung der verschiedenen Kennzahlen in Abbildung 12 macht aber noch eine sehr wesentliche grundsätzliche Aussage. Die Unterschiede in der Härtbarkeit werden durch Korngröße und Zusammensetzung allein nicht befriedigend erklärt. Daneben sind andere, bisher ungeklärte Einflüsse vorhanden, die zum Teil aus der Schmelzführung stammen können. Die aus dem Umwandlungs-Schaubild entnommenen Werte K_{50} spiegeln in ihrer Abweichung von den aus Korngröße und Zusammensetzung errechneten diese Einflüsse zwar am deutlichsten wieder; die wahren Zusammenhänge wird man jedoch erst erkennen, wenn man alle Unterschiede im gesamten Umwandlungsverhalten, wie sie die Zeit-Temperatur-Umwandlungs-Schaubilder wiedergeben, zur Beurteilung heranzieht.

Prof. Dr.phil. F. WEVER, Düsseldorf
Dr.phil. A. ROSE, Düsseldorf
Dipl.-Ing. W. STRASSBURG, Düsseldorf

Literaturverzeichnis

(1) WEVER, F.
A. ROSE u.
W. STRASSBURG
Forschungsbericht Nr. 75 des Wirtschafts- und Verkehrsministeriums Nordrhein-Westfalen. Köln und Opladen 1954

(2) ROSE, A. u.
D. WILD
Arch. Eisenhüttenw. demnächst

(3) Stahl-Eisen-Prüfblatt 1650-50. Düsseldorf 1950

(4) RUSSEL, T.F. u.
J.C. WILLIAMSON
Symposium on the Hardenability of Steel. London 1946 (Spec.Rep.Iron Steel Inst. No 36) S. 34/46

(5) HODGE, J.M. u.
M.A. OREHOSKI
Amer.Inst.minmetall.Engrs., Techn.Publ. No. 1994. Metalls Techn. 13 (1946) Nr. 3

(6) GROSSMANN, M.A.
M. ASIMOW u.
S.F. URBAN
Hardenablity, its relation to quenching and some quantitative data of hardenability of alloy stells. American Society for Metals. Cleveland 1939

(7) PORTEVIN, A. u.
M. GARVIN
Rev. Métall.Mém. 14 (1917) S. 604/06

(8) KUBASTA, J.
Das Härteverhalten der Edelstähle. 2. Aufl. Halle (Saale) 1949

(9) GROSSMANN, M.A.
Trans.Amer.Inst.min.metallurg.Engrs. 150 (1942) S. 227 und Metal Progr. 42 (1942) S. 80

(10) KRONEIS, M.
R. GATTERINGER u.
H. KRAINER
Stahl u. Eisen 73 (1953) S. 22/30

FORSCHUNGSBERICHTE DES WIRTSCHAFTS- UND VERKEHRSMINISTERIUMS NORDRHEIN-WESTFALEN

Herausgegeben von Staatssekretär Prof. Leo Brandt

Heft 1:
Prof. Dr.-Ing. Eugen Flegler, Aachen
Untersuchungen oxydischer Ferromagnet-Werkstoffe

Heft 2:
Prof. Dr. phil. Walter Fuchs, Aachen
Untersuchungen über absatzfreie Teeröle

Heft 3:
Techn.-Wissenschaftl. Büro für die Bastfaserindustrie, Bielefeld
Untersuchungsarbeiten zur Verbesserung des Leinenwebstuhls

Heft 4:
Prof. Dr. E. A. Müller u. Dipl.-Ing. H. Spitzer, Dortmund
Untersuchungen über die Hitzebelastung in Hüttenbetrieben

Heft 5:
Dipl.-Ing. Werner Fister, Aachen
Prüfstand der Turbinenuntersuchungen

Heft 6:
Prof. Dr. phil. Walter Fuchs, Aachen
Untersuchungen über die Zusammensetzung und Verwendbarkeit von Schwelteerfraktionen

Heft 7:
Prof. Dr. phil. Walter Fuchs, Aachen
Untersuchungen über emsländisches Petrolatum

Heft 8:
Maria Elisabeth Meffert und Heinz Stratmann, Essen
Algen-Großkulturen im Sommer 1951

Heft 9:
Techn.-Wissenschaftl. Büro für die Bastfaserindustrie, Bielefeld
Untersuchungen über die zweckmäßige Wicklungsart von Leinengarnkreuzspulen unter Berücksichtigung der Anwendung hoher Geschwindigkeiten des Garnes
Vorversuche für Zetteln und Schären von Leinengarnen auf Hochleistungsmaschinen

Heft 10:
Prof. Dr. Wilhelm Vogel, Köln
„Das Streifenpaar" als neues System zur mechanischen Vergrößerung kleiner Verschiebungen und seine technischen Anwendungsmöglichkeiten

Heft 11:
Laboratorium für Werkzeugmaschinen und Betriebslehre, Technische Hochschule Aachen
1. Untersuchungen über Metallbearbeitung im Fräsvorgang mit Hartmetallwerkzeugen und negativem Spanwinkel
2. Weiterentwicklung des Schleifverfahrens für die Herstellung von Präzisionswerkstücken unter Vermeidung hoher Temperaturen
3. Untersuchung von Oberflächenveredlungsverfahren zur Steigerung der Belastbarkeit hochbeanspruchter Bauteile

Heft 12:
Elektrowärme-Institut, Langenberg (Rhld.)
Induktive Erwärmung mit Netzfrequenz

Heft 13:
Techn.-Wissenschaftl. Büro für die Bastfaserindustrie, Bielefeld
Das Naßspinnen von Bastfasergarnen mit chemischen Zusätzen zum Spinnbad

Heft 14:
Forschungsstelle für Acetylen, Dortmund
Untersuchungen über Aceton als Lösungsmittel für Acetylen

Heft 15:
Wäschereiforschung Krefeld
Trocknen von Wäschestoffen

Heft 16:
Max-Planck-Institut für Kohlenforschung, Mülheim a. d. Ruhr
Arbeiten des MPI für Kohlenforschung

Heft 17:
Ingenieurbüro Herbert Stein, M. Gladbach
Untersuchung der Verzugsvorgänge in den Streckwerken verschiedener Spinnereimaschinen. 1. Bericht: Vergleichende Prüfung mit verschiedenen Dickenmeßgeräten

Heft 18:
Wäschereiforschung Krefeld
Grundlagen zur Erfassung der chemischen Schädigung beim Waschen

Heft 19:
Techn.-Wissenschaftl. Büro für die Bastfaserindustrie, Bielefeld
Die Auswirkung des Schlichtens von Leinengarnketten auf den Verarbeitungswirkungsgrad, sowie die Festigkeits- und Dehnungsverhältnisse der Garne und Gewebe

Heft 20:
Techn.-Wissenschaftl. Büro für die Bastfaserindustrie, Bielefeld
Trocknung von Leinengarnen I
Vorgang und Einwirkung auf die Garnqualität

Heft 21:
Techn.-Wissenschaftl. Büro für die Bastfaserindustrie, Bielefeld
Trocknung von Leinengarnen II
Spulenanordnung und Luftführung beim Trocknen von Kreuzspulen

Heft 22:
Techn.-Wissenschaftl. Büro für die Bastfaserindustrie, Bielefeld
Die Reparaturanfälligkeit von Webstühlen

Heft 23:
Institut für Starkstromtechnik, Aachen
Rechnerische und experimentelle Untersuchungen zur Kenntnis der Metadyne als Umformer von konstanter Spannung auf konstanten Strom

Heft 24:
Institut für Starkstromtechnik, Aachen
Vergleich verschiedener Generator-Metadyne-Schaltungen in bezug auf statisches Verhalten

Heft 25:
Gesellschaft für Kohlentechnik mbH., Dortmund-Eving
Struktur der Steinkohlen und Steinkohlen-Kokse

Heft 26:
Techn.-Wissenschaftl. Büro für die Bastfaserindustrie, Bielefeld
Vergleichende Untersuchungen zweier neuzeitlicher Ungleichmäßigkeitsprüfer für Bänder und Garne hinsichtlich Ihrer Eignung für die Bastfaserspinnerei

Heft 27:
Prof. Dr. E. Schratz, Münster
Untersuchungen zur Rentabilität des Arzneipflanzenanbaues
Römische Kamille, Anthemis nobilis L.

Heft: 28:
Prof. Dr. E. Schratz, Münster
Calendula officinalis L.
Studien zur Ernährung, Blütenfüllung und Rentabilität der Drogengewinnung

Heft 29:
Techn.-Wissenschaftl. Büro für die Bastfaserindustrie, Bielefeld
Die Ausnützung der Leinengarne in Geweben

Heft 30:
Gesellschaft für Kohlentechnik mbH., Dortmund-Eving
Kombinierte Entaschung und Verschwelung von Steinkohle; Aufarbeitung von Steinkohlenschlämmen zu verkokbarer oder verschwelbarer Kohle

Heft 31:
Dipl.-Ing. Störmann, Essen
Messung des Leistungsbedarfs von Doppelsteg-Kettenförderern

Heft 32:
Techn.-Wissenschaftl. Büro für die Bastfaserindustrie, Bielefeld
Der Einfluß der Natriumchloridbleiche auf Qualität und Verwebbarkeit von Leinengarnen und die Eigenschaften der Leinengewebe unter besonderer Berücksichtigung des Einsatzes von Schützen- und Spulenwechselautomaten in der Leinenweberei

Heft 33:
Kohlenstoffbiologische Forschungsstation e. V.
Eine Methode zur Bestimmung von Schwefeldioxyd und Schwefelwasserstoff in Rauchgasen und in der Atmosphäre

Heft 34:
Textilforschungsanstalt Krefeld
Quellungs- und Entquellungsvorgänge bei Faserstoffen

Heft 35:
Professor Dr. Wilhelm Kast, Krefeld
Feinstrukturuntersuchungen an künstlichen Zellulosefasern verschiedener Herstellungsverfahren

Heft 36:
Forschungsinstitut der feuerfesten Industrie, Bonn
Untersuchungen über die Trocknung von Rohton. Untersuchungen über die chemische Reinigung von Silika- und Schamotte-Rohstoffen mit chlorhaltigen Gasen

Heft 37:
Forschungsinstitut der feuerfesten Industrie, Bonn
Untersuchungen über den Einfluß der Probenvorbereitung auf die Kaltdruckfestigkeit feuerfester Steine

Heft 38:
Forschungsstelle für Acetylen, Dortmund
Untersuchungen über die Trocknung von Acetylen zur Herstellung von Dissousgas

Heft 39:
Forschungsgesellschaft Blechverarbeitung e. V., Düsseldorf
Untersuchungen an prägegemusterten und vorgelochten Blechen

Heft 40:
Landesgeologe Dr.-Ing. W. Wolff, Amt für Bodenforschung, Krefeld
Untersuchungen über die Anwendbarkeit geophysikalischer Verfahren zur Untersuchung von Spateisengängen im Siegerland

Heft 41:
Techn.-Wissenschaftl. Büro für die Bastfaserindustrie, Bielefeld
Untersuchungsarbeiten zur Verbesserung des Leinenwebstuhles II

Heft 42:
Professor Dr. Burckhardt Helferich, Bonn
Untersuchungen über Wirkstoffe — Fermente — in der Kartoffel und die Möglichkeit ihrer Verwendung

Heft 43:
Forschungsgesellschaft Blechverarbeitung e. V., Düsseldorf
Forschungsergebnisse über das Beizen von Blechen

Heft 44:
Arbeitsgemeinschaft für praktische Dehnungsmessung, Düsseldorf
Eigenschaften und Anwendungen von Dehnungsmeßstreifen

Heft 45:
Losenhausenwerk Düsseldorfer Maschinenbau AG., Düsseldorf
Untersuchungen von störenden Einflüssen auf die Lastgrenzenanzeige von Dauerschwingprüfmaschinen

Heft 46:
Professor Dr. phil. W. Fuchs, Aachen
Untersuchungen über die Aufbereitung von Wasser für die Dampferzeugung in Benson-Kesseln

Heft 47:
Prof. Dr.-Ing. habil. Karl Krekeler, Aachen
Versuche über die Anwendung der induktiven Erwärmung zum Sintern von hochschmelzenden Metallen sowie zur Anlegierung und Vergütung von aufgespritzten Metallschichten mit dem Grundwerkstoff.

Heft 48:
Max-Planck-Institut für Eisenforschung, Düsseldorf
Spektrochemische Analyse der Gefügebestandteile in Stählen nach ihrer Isolierung

Heft 49:
Max-Planck-Institut für Eisenforschung, Düsseldorf
Untersuchungen über Ablauf der Desoxydation und die Bildung von Einschlüssen in Stählen

Heft 50:
Max-Planck-Institut für Eisenforschung, Düsseldorf
Flammenspektralanalytische Untersuchung der Ferritzusammensetzung in Stählen

Heft 51:
Verein zur Förderung von Forschungs- und Entwicklungsarbeiten in der Werkzeugindustrie e. V., Remscheid
Untersuchungen an Kreissägeblättern für Holz, Fehler- und Spannungsprüfverfahren

Heft 52:
Forschungsstelle für Azetylen, Dortmund
Untersuchungen über den Umsatz bei der explosiblen Zersetzung von Azetylen
    a) Zersetzung von gasförmigem Azetylen,
    b) Zersetzung von an Silikagel adsorbiertem Azetylen

Heft 53:
Professor Dr.-Ing. H. Opitz, Aachen
Reibwert- und Verschleißmessungen an Kunststoffgleitführungen für Werkzeugmaschinen

Heft 54:
Professor Dr.-Ing. habil. F. A. F. Schmidt, Aachen
Schaffung von Grundlagen für die Erhöhung der spez. Leistung und Herabsetzung des spez. Brennstoffverbrauches bei Ottomotoren mit Teilbericht über Arbeiten an einem neuen Einspritzverfahren

Heft 55:
Forschungsgesellschaft Blechverarbeitung, Düsseldorf
Chemisches Glänzen von Messing und Neusilber

Heft 56:
Forschungsgesellschaft Blechverarbeitung, Düsseldorf
Untersuchungen über einige Probleme der Behandlung von Blechoberflächen

Heft 57:
Prof. Dr.-Ing. habil. F. A. F. Schmidt, Aachen
Untersuchungen zur Erforschung des Einflusses des chemischen Aufbaues des Kraftstoffes auf sein Verhalten im Motor und in Brennkammern von Gasturbinen.

Heft 58:
Gesellschaft für Kohlentechnik m. b. H., Dortmund
Herstellung und Untersuchung von Steinkohlenschwelteer.

Heft 59:
Forschungsinstitut der Feuerfest-Industrie, Bonn
Ein Schnellanalysenverfahren zur Bestimmung von Aluminiumoxyd, Eisenoxyd und Titanoxyd in feuerfestem Material mittels organischer Farbreagenzien auf photometrischem Wege
Untersuchungen des Alkali-Gehaltes feuerfester Stoffe mit dem Flammenphotometer nach Riehm-Lange

Heft 60:
Forschungsgesellschaft Blechverarbeitung e. V., Düsseldorf
Untersuchungen über das Spritzlackieren im elektrostatischen Hochspannungsfeld

Heft 61:
Verein zur Förderung von Forschungs- und Entwicklungsarbeiten in der Werkzeugindustrie e. V., Remscheid
Schwingungs- und Arbeitsverhalten von Kreissägeblättern für Holz

Heft 62:
Professor Dr. W. Franz, Institut für theoretische Physik der Universität Münster
Berechnung des elektrischen Durchschlags durch feste und flüssige Isolatoren

Heft 63:
Textilforschungsanstalt Krefeld
Neue Methoden zur Untersuchung der Wirkungsweise von Textilhilfsmitteln
Untersuchungen über Schlichtungs- und Entschlichtungsvorgänge

Heft 64:
Textilforschungsanstalt Krefeld
Die Kettenlängenverteilung von hochpolymeren Faserstoffen
Über die fraktionierte Fällung von Polyamiden

Heft 65:
Fachverband Schneidwarenindustrie, Solingen
Untersuchungen über das elektrolytische Polieren von Tafelmesserklingen aus rostfreiem Stahl

Heft 66:
Dr.-Ing. Peter Füsgen VDI †, Düsseldorf
Untersuchungen über das Auftreten des Ratterns bei selbsthemmenden Schneckengetrieben und seine Verhütung

Heft 67:
Heinrich Wösthoff o. H. G., Apparatebau, Bochum
Entwicklung einer chemisch-physikalischen Apparatur zur Bestimmung kleinster Kohlenoxyd-Konzentrationen

Heft 68:
Kohlenstoffbiologische Forschungsstation e. V., Essen
Algengroßkulturen im Sommer 1952
II. Über die unsterile Großkultur von Scenedesmus obliquus

Heft 69:
Wäschereiforschung Krefeld
Bestimmung des Faserabbaues bei Leinen unter besonderer Berücksichtigung der Leinengarnbleiche

Heft 70:
Wäschereiforschung Krefeld
Trocknen von Wäschestoffen

Heft 71:
Prof. Dr.-Ing. K. Leist, Aachen
Kleingasturbinen, insbesondere zum Fahrzeugantrieb

Heft 72:
Prof. Dr.-Ing. K. Leist, Aachen
Beitrag zur Untersuchung von stehenden geraden Turbinengittern mit Hilfe von Druckverteilungsmessungen

Heft 73:
Prof. Dr.-Ing. K. Leist, Aachen
Spannungsoptische Untersuchungen von Turbinenschaufelfüßen

Heft 74:
Max-Planck-Institut für Eisenforschung, Düsseldorf
Versuche zur Klärung des Umwandlungsverhaltens eines sonderkarbidbildenden Chromstahls

Heft 75:
Max-Planck-Institut für Eisenforschung, Düsseldorf
Zeit-Temperatur-Umwandlungs-Schaubilder als Grundlage der Wärmebehandlung der Stähle

Heft 76:
Max-Planck-Institut für Arbeitsphysiologie, Dortmund
Arbeitstechnische und arbeitsphysiologische Rationalisierung von Mauersteinen

Heft 77:
Meteor Apparatebau Paul Schmeck G. m. b. H., Siegen
Entwicklung von Leuchtstoffröhren hoher Leistung

Heft 78:
Forschungsstelle für Acetylen, Dortmund
Über die Zustandsgleichung des gasförmigen Acetylens und das Gleichgewicht Acetylen—Aceton

Heft 79:
Techn.-Wissenschaftl. Büro für die Bastfaserindustrie, Bielefeld
Trocknung von Leinengarnen III
Spinnspulen- und Spinnkopstrocknung
Vorgang und Einwirkung auf die Garnqualität

Heft 80:
Techn.-Wissenschaftl. Büro für die Bastfaserindustrie, Bielefeld
Die Verarbeitung von Leinengarn auf Webstühlen mit und ohne Oberbau

Heft 81:
Prüf- und Forschungsinstitut für Ziegeleierzeugnisse, Essen-Kray
Die Einführung des großformatigen Einheits-Gitterziegels im Lande Nordrhein-Westfalen

Heft 82:
Vereinigte Aluminium-Werke AG., Bonn
Forschungsarbeiten auf dem Gebiet der Veredelung von Aluminium-Oberflächen

Heft 83:
Prof. Dr. S. Strugger, Münster
Über die Struktur der Proplastiden

Heft 84:
Dr. med. habil., Dr. phil. H. Baron, Düsseldorf
Über Standardisierung von Wundtextilien

Heft 85:
Textilforschungsanstalt Krefeld
Physikalische Untersuchungen an Fasern, Fäden, Garnen und Geweben:
Untersuchungen am Knickscheuergerät nach Weltzien

Heft 86:
Professor Dr.-Ing. H. Opitz, Aachen
Untersuchungen über das Fräsen von Baustahl sowie über den Einfluß des Gefüges auf die Zerspanbarkeit

Heft 87:
Gemeinschaftsausschuß Verzinken, Düsseldorf
Untersuchungen über Güte von Verzinkungen

Heft 88:
Gesellschaft für Kohlentechnik mbH., Dortmund-Eving
Oxydation von Steinkohle mit Salpetersäure

Heft 89:
Verein Deutscher Ingenieure, Gleitlagerforschung, Düsseldorf und Prof. Dr.-Ing. G. Vogelpohl, Göttingen
Versuche mit Preßstoff-Lagern für Walzwerke

Heft 90:
Forschungs-Institut der Feuerfest-Industrie, Bonn
Das Verhalten von Silikasteinen im Siemens-Martin-Ofengewölbe

Heft 91:
Forschungs-Institut der Feuerfest-Industrie, Bonn
Untersuchungen des Zusammenhangs zwischen Leistung und Kohlenverbrauch von Kammeröfen zum Brennen von feuerfesten Materialien

Heft 92:
Techn.-Wissenschaftl. Büro für die Bastfaserindustrie, Bielefeld und Laboratorium für textile Meßtechnik, M.-Gladbach
Messungen von Vorgängen am Webstuhl

Heft 93:
Prof. Dr. W. Kast, Krefeld
Spinnversuche zur Strukturerfassung künstlicher Zellulosefasern

Heft 94:
Prof. Dr. phil. habil. G. Winter, Bonn
Die Heilpflanzen des MATTHIOLUS (1611) gegen Infektionen der Harnwege und Verunreinigung der Wunden bzw. zur Förderung der Wundheilung im Lichte der Antibiotikaforschung

Heft 95:
Prof. Dr. phil. habil. G. Winter, Bonn
Untersuchungen über die flüchtigen Antibiotika aus der Kapuziner- (Tropaeolum maius) und Gartenkresse (Lepidium sativum) und ihr Verhalten im menschlichen Körper bei Aufnahme von Kapuziner- bzw. Gartenkressensalat per os

Heft 96:
Dr.-Ing. P. Koch, Dortmund
Austritt von Exoelektronen aus Metalloberflächen unter Berücksichtigung der Verwendung des Effektes für die Materialprüfung

Heft 97:
Ing. H. Stein, M.-Gladbach
Laboratorium für textile Meßtechnik
Untersuchung der Verzugsvorgänge an den Streckwerken verschiedener Spinnereimaschinen
2. Bericht: Ermittlung der Haft-Gleiteigenschaften von Faserbändern und Vorgarnen

Heft 98:
Fachverband Gesenkschmieden, Hagen
Die Arbeitsgenauigkeit beim Gesenkschmieden unter Hämmern

Heft 99:
Prof. Dr.-Ing. G. Garbotz, Aachen
Der Kraft- und Arbeitsaufwand sowie die Leistungen beim Biegen von Bewehrungsstählen in Abhängigkeit von den Abmessungen, den Formen und der Güte der Stähle (Ermittlung von Leistungsrichtlinien)

Heft 100:
Prof. Dr.-Ing. H. Opitz, Aachen
Untersuchungen von elektrischen Antrieben, Steuerungen und Regelungen an Werkzeugmaschinen

Heft 101:
Prof. Dr.-Ing. H. Opitz, Aachen
Wirtschaftlichkeitsbetrachtungen beim Außenrundschleifen

Heft 102:
Dr. phil. habil. P. Hölemann, Ing. R. Hasselmann und Ing. G. Dix, Dortmund
Untersuchungen über die thermische Zündung von explosiblen Azetylenzersetzungen in Kapillaren

Heft 103:
Prof. Dr. phil. W. Weizel, Bonn
Durchführung von experimentellen Untersuchungen über den zeitlichen Ablauf von Funken in komprimierten Edelgasen sowie zu deren mathematischen Berechnung

Heft 104:
Prof. Dr. phil. W. Weizel, Bonn
Über den Einfluß der Elektroden auf die Eigenschaften von Cadmium-Sulfid-Widerstands-Photozellen

Heft 105:
Dr.-Ing. R. Meldau, Harsewinkel/Westf.
Auswertung von Gekörn - Analysen des Musterstaubes „Flugasche Fortuna I"

Heft 106:
ORR. Dr.-Ing. W. Küch, Dortmund
Untersuchungen über die Einwirkung von feuchtigkeitsgesättigter Luft auf die Festigkeit von Leimverbindungen

Heft 107:
Prof. Dr. phil. H. Lange, Köln
Dipl.-Phys. P. St. Pütter, Köln
Über die Konstruktion von Laboratoriumsmagneten

Heft 108:
Prof. Dr. phil. W. Fuchs, Aachen
Untersuchungen über neue Beizmethoden und Beizabwässer
I. Die Entzunderung von Drähten mit Natriumhydrid
II. Die Aufbereitung von Beizabwässern

Heft 109:
Dr. phil. habil. P. Hölemann und Ing. R. Hasselmann, Dortmund
Untersuchungen über die Löslichkeit von Azetylen in verschiedenen organischen Lösungsmitteln

Heft 110:
Dr. phil. habil. P. Hölemann und Ing. R. Hasselmann, Dortmund
Untersuchungen über den Druckverlauf bei der explosiblen Zersetzung von gasförmigem Azetylen

Heft 111:
Fachverband Steinzeugindustrie, Köln
Die Entwicklung eines Gerätes zur Beschickung seitlicher Feuer von Steinzeug-Einzelkammeröfen mit festen Brennstoffen

Heft 112:
Prof. Dr.-Ing. H. Opitz, Aachen
Verschleißmessungen beim Drehen mit aktivierten Hartmetallwerkzeugen

Heft 113:
Prof. Dr. med. O. Graf, Dortmund
Erforschung der geistigen Ermüdung und nervösen Belastung: Studien über die vegetative 24-Stunden-Rhythmik in Ruhe und unter Belastung

Heft 114:
Prof. Dr. med. O. Graf, Dortmund
Studien über Fließarbeitsprobleme an einer praxisnahen Experimentieranlage

Heft 115:
Prof. Dr. med. O. Graf, Dortmund
Studium über Arbeitspausen in Betrieben bei freier und zeitgebundener Arbeit (Fließarbeit) und ihre Auswirkung auf die Leistungsfähigkeit

Heft 116:
Prof. Dr.-Ing. E. Siebel und Dr.-Ing. H. Weise, Stuttgart
Untersuchungen an einigen Problemen des Tiefziehens — I. Teil

Heft 117:
Dr.-Ing. H. Beißwänger, Stuttgart, und Dr.-Ing. S. Schwandt, Trier
Untersuchungen an einigen Problemen des Tiefziehens — II. Teil

Heft 118:
Prof. Dr. med. E. A. Müller und Dr. med. H. G. Wenzel, Dortmund
Neuartige Klima-Anlage zur Erzeugung ungleicher Luft- und Strahlungstemperaturen in einem Versuchsraum

Heft 119:
Dr.-Ing. O. Viertel, Krefeld
Wäscherei- und energietechnische Untersuchung einer Gemeinschafts-Waschanlage

Heft 120:
Dipl.-Ing. Weisbecker, Lüdenscheid
Über Anfressung an Reinstaluminium-Schweißnähten bei der elektrolytischen Oxydation
Gebr. Hörstermann GmbH., Velbert
Entwicklung und Erprobung eines neuartigen Gummibandförderers

Heft 121:
Dr. rer. nat. H. Krebs, Bonn
I. Die Struktur und die Eigenschaften der Halbmetalle
II. Die Bestimmung der Atomverteilung in amorphen Substanzen
III. Die chemische Bindung in anorganischen Festkörpern und das Entstehen metallischer Eigenschaften

Heft 122:
Prof. Dr. phil. W. Fuchs, Aachen
Untersuchungen zur Verbesserung der Wasseraufbereitung und Wasseranalyse:
Über die Schnellbewertung von Ionenaustauscher

Heft 123:
Dipl.-Ing. J. Emondts, Aachen
Über Bodenverformungen bei stark gestörtem und mächtigem, wasserführendem Deckgebirge im Aachener Steinkohlengebiet

Heft 124:
Prof. Dr. R. Seÿffert, Köln
Wege und Kosten der Distribution der Hausratwaren im Lande Nordrhein-Westfalen

Heft 125:
Prof. Dr. phil. E. Kappler, Münster
Eine neue Methode zur Bestimmung von Kondensations-Koeffizienten von Wasser

Heft 126:
Prof. Dr.-Ing. habil. J. Mathieu, Aachen
Arbeitszeitvergleich
Grundlagen, Methodik und praktische Durchführung

Heft 127:
Güteschutz Betonstein e.V.,
Arbeitskreis Nordrhein-Westfalen, Dortmund
Die Betonwaren-Gütesicherung im
Lande Nordrhein-Westfalen

Heft 128:
Prof. Dr. phil. O. Schmitz-DuMont, Bonn
Untersuchungen über Reaktionen in flüssigem Ammoniak

Heft 129:
Prof. Dr.-Ing. habil. J. Mathieu, Aachen
Dr. phil. C. A. Roos, Aachen
Die Anlernung von Industriearbeitern
I. Ergebnisse einer grundsätzlichen Untersuchung der gegenwärtigen Industriearbeiter-Kurzanlernung

Heft 130:
Prof. Dr.-Ing. habil. J. Mathieu, Aachen
Dr. phil. C. A. Roos, Aachen
Die Anlernung von Industriearbeitern
II. Beiträge zur Methodenfrage der Kurzanlernung

Heft 131:
Dr. rer. nat. W. Hoerburger, Köln
Versuche zur Biosynthese von Eiweiß aus Kohlenwasserstoff

Heft 132:
Prof. Dr. phil. nat. W. Seith, Münster
Über Diffusionserscheinungen in festen Metallen

Heft 133:
Prof. Dr. phil. E. Jenckel, Aachen
Über einen für Schwermetalle selektiven Ionenaustauscher

Heft 134:
Prof. Dr.-Ing. H. Winterhager
Über die elektrochemischen Grundlagen der Schmelzfluß-Elektrolyse von Bleisulfid in geschmolzenen Mischungen mit Bleichlorid

Heft 135:
Prof. Dr.-Ing. habil. K. Krekeler, Aachen
Dr.-Ing. H. Peukert, Aachen
Die Änderung der mechanischen Eigenschaften thermoplastischer Kunststoffe durch Warmrecken

Heft 136:
Dipl. phys. P. Pilz, Remscheid
Über spezielle Probleme der Zerkleinerungstechnik von Weichstoffen

Heft 137:
Prof. Dr. rer. nat. habil. W. Baumeister, Münster
Beiträge zur Mineralstoffernährung der Pflanzen

Heft 138:
Dr. phil. habil. P. Hölemann, Dortmund
Ing. R. Hasselmann, Dortmund
Untersuchungen über die Zersetzungswärme von gasförmigem und in Azeton gelöstem Azetylen

Heft 139:
Prof. Dr. phil. W. Fuchs, Aachen
Studien über die thermische Zersetzung der Kohle und die Kohlendestillatprodukte

Heft 140:
Dr.-Ing. G. Hausberg, Essen
Modellversuche an Zyklonen

Heft 141:
Dr. phil. J. van Calker, Münster
Dr. rer. nat. R. Wienecke, Münster
Untersuchungen über den Einfluß dritter Analysenpartner auf die spektrochemische Analyse

Heft 142:
Dipl.-Ing. G. M. F. Wiebel, Hannover
A. Konermann, Sennelager
A. Ottenheym, Sennelager
Entwicklung eines Kalksandleichtsteines

Heft 143:
Prof. Dr. phil. F. Wever, Düsseldorf
Dr. phil. A. Rose, Düsseldorf
Dipl.-Ing. W. Straßburg, Düsseldorf
Härtbarkeit und Umwandlungsverhalten der Stähle

Heft 144:
Prof. Dr. phil. H. Wurmbach, Bonn
Steuerung von Wachstum und Formbildung

Heft 145:
Dr. phil. G. Hennemann, Werdohl (Westf.)
Beitrag zur Interpretation der modernen Atomphysik

VERÖFFENTLICHUNGEN DER ARBEITSGEMEINSCHAFT FÜR FORSCHUNG DES LANDES NORDRHEIN-WESTFALEN

Im Auftrage des Ministerpräsidenten Karl Arnold

Herausgegeben von Staatssekretär Prof. Leo Brandt

Heft 1:
Prof. Dr.-Ing. Friedrich Seewald, Technische Hochschule Aachen
Neue Entwicklungen auf dem Gebiete der Antriebsmaschinen
Prof. Dr.-Ing. Friedrich A. F. Schmidt, Technische Hochschule Aachen
Technischer Stand und Zukunftsaussichten der Verbrennungsmaschinen, insbesondere der Gasturbinen
Dr.-Ing. R. Friedrich, Siemens-Schuckert-Werke A.-G., Mülheimer Werk
Möglichkeiten und Voraussetzungen der industriellen Verwertung der Gasturbine

Heft 2:
Prof. Dr.-Ing. Wolfgang Riezler, Universität Bonn
Probleme der Kernphysik
Prof. Dr. phil. Fritz Micheel, Universität Münster,
Isotope als Forschungsmittel in der Chemie und Biochemie

Heft 3:
Prof. Dr. med. Emil Lehnartz, Universität Münster
Der Chemismus der Muskelmaschine
Prof. Dr. med. Gunther Lehmann, Direktor des Max-Planck-Instituts für Arbeitsphysiologie, Dortmund
Physiologische Forschung als Voraussetzung der Bestgestaltung der menschlichen Arbeit
Prof. Dr. Heinrich Kraut, Max-Planck-Institut für Arbeitsphysiologie, Dortmund
Ernährung und Leistungsfähigkeit

Heft 4:
Prof. Dr. Franz Wever, Max-Planck-Institut für Eisenforschung, Düsseldorf
Aufgaben der Eisenforschung
Prof. Dr.-Ing. Hermann Schenck, Technische Hochschule Aachen
Entwicklungslinien des deutschen Eisenhüttenwesens
Prof. Dr.-Ing. Max Haas, Techn. Hochschule Aachen
Wirtschaftliche und technische Bedeutung der Leichtmetalle und ihre Entwicklungsmöglichkeiten

Heft 5:
Prof. Dr. med. Walter Kikuth, Medizinische Akademie Düsseldorf
Virusforschung
Prof. Dr. Rolf Danneel, Universität Bonn
Fortschritte der Krebsforschung
Prof. Dr. med. Dr. phil. W. Schulemann, Univ. Bonn
Wirtschaftliche und organisatorische Gesichtspunkte für die Verbesserung unserer Hochschulforschung

Heft 6:
Prof. Dr. Walter Weizel, Institut für theoretische Physik, Bonn
Die gegenwärtige Situation der Grundlagenforschung in der Physik
Prof. Dr. Siegfried Strugger, Universität Münster
Das Duplikantenproblem in der Biologie
Prof. Dr. Rolf Danneel, Universität Bonn
Über das Verhalten der Mitochondrien bei der Mitose der Mesenchymzellen des Hühner-Embryos
Direktor Dr. Fritz Gummert, Ruhrgas A.-G., Essen
Überlegungen zu den Faktoren Raum und Zeit im biologischen Geschehen und Möglichkeiten einer Nutzanwendung

Heft 7:
Prof. Dr.-Ing. August Götte, Technische Hochschule Aachen
Steinkohle als Rohstoff und Energiequelle
Prof. Dr. e. h. Karl Ziegler, Max-Planck-Institut für Kohlenforschung Mülheim a. d. Ruhr
Über Arbeiten des Max-Planck-Instituts für Kohlenforschung

Heft 8:
Prof. Dr.-Ing. Wilhelm Fucks, Technische Hochschule Aachen
Die Naturwissenschaft, die Technik und der Mensch
Prof. Dr. sc. pol. Walther Hoffmann, Universität Münster
Wirtschaftliche und soziologische Probleme des technischen Fortschritts

Heft 9:
Prof. Dr.-Ing. Franz Bollenrath, Technische Hochschule Aachen
Zur Entwicklung warmfester Werkstoffe
Dr. Heinrich Kaiser, Staatl. Materialprüfungsamt Dortmund
Stand spektralanalytischer Prüfverfahren und Folgerung für deutsche Verhältnisse

Heft 10:
Prof. Dr. Hans Braun, Universität Bonn
Möglichkeiten und Grenzen der Resistenzzüchtung
Prof. Dr.-Ing. Carl Heinrich Dencker, Universität Bonn
Der Weg der Landwirtschaft von der Energieautarkie zur Fremdenergie

Heft 11:
Prof. Dr.-Ing. Herwart Opitz, Technische Hochschule Aachen
Entwicklungslinien der Fertigungstechnik in der Metallbearbeitung
Prof. Dr.-Ing. Karl Krekeler, Technische Hochschule Aachen
Stand und Aussichten der schweißtechnischen Fertigungsverfahren

Heft: 12
Dr. Hermann Rathert, Mitglied des Vorstandes der Vereinigten Glanzstoff-Fabriken A.-G., Wuppertal-Elberfeld
Entwicklung auf dem Gebiet der Chemiefaser-Herstellung
Prof. Dr. Wilhelm Weltzien, Direktor der Textilforschungsanstalt Krefeld
Rohstoff und Veredlung in der Textilwirtschaft

Heft: 13
Dr.-Ing. e. h. Karl Herz, Chefingenieur im Bundesministerium für das Post- und Fernmeldewesen Frankfurt a. Main
Die technischen Entwicklungstendenzen im elektrischen Nachrichtenwesen
Ministerialdirektor Dipl.-Ing. Leo Brandt, Düsseldorf
Navigation und Luftsicherung

Heft 14:
Prof. Dr. Burckhardt Helferich, Universität Bonn
Stand der Enzymchemie und ihre Bedeutung
Prof. Dr. med. Hugo W. Knipping, Direktor der Med. Universitätsklinik Köln
Ausschnitt aus der klinischen Carcinomforschung am Beispiel des Lungenkrebses

Heft 15:
Prof. Dr. Abraham Esau, Technische Hochschule Aachen
Die Bedeutung von Wellenimpulsverfahren in Technik und Natur
Prof. Dr.-Ing. Eugen Flegler, Technische Hochschule Aachen
Die ferromagnetischen Werkstoffe in der Elektrotechnik und ihre neueste Entwicklung

Heft 16:
Prof. Dr. rer. pol. Rudolf Seyffert, Universität Köln
Die Problematik der Distribution
Prof. Dr. rer. pol. Theodor Beste, Universität Köln
Der Leistungslohn

Heft 17:
Prof. Dr.-Ing. Friedrich Seewald, Technische Hochschule Aachen
Die Flugtechnik und ihre Bedeutung für den allgemeinen technischen Fortschritt
Prof. Dr.-Ing. Edouard Houdremont, Essen
Art und Organisation der Forschung in einem Industriekonzern

Heft 18:
Prof. Dr. med. Dr. phil. W. Schulemann, Universität Bonn
Theorie und Praxis pharmakologischer Forschung
Prof. Dr. Wilhelm Groth, Direktor des Physikalisch-Chemischen Instituts, Universität Bonn
Technische Verfahren zur Isotopentrennung

Heft 19:
Dipl.-Ing. Kurt Traenckner, Stellvertr. Vorstandsmitglied der Ruhrgas-A.G., Essen
Entwicklungstendenzen der Gaserzeugung

Heft 20:
M. Zvegintzov
Wissenschaftliche Forschung und die Auswertung ihrer Ergebnisse. Ziel und Tätigkeit der National Research Development Corporation
Dr. Alexander King, Department of Scientific & Industrial Research, London
Wissenschaft und internationale Beziehungen

Heft 21:
Prof. Dr. phil. Robert Schwarz, Aachen
Wesen und Bedeutung der Silicium-Chemie
Prof. Dr. Kurt Alder, Universität Köln
Fortschritte in der Synthese von Kohlenstoffverbindungen

Heft 21 a
Jahresfeier der Arbeitsgemeinschaft für Forschung des Landes Nordrhein-Westfalen am 21. 5. 1952 in Düsseldorf mit Ansprachen des Herrn Bundespräsidenten Professor Dr. Theodor Heuss, des Herrn Ministerpräsidenten Arnold, Frau Kultusminister Teusch, der Herren Professor Dr. Hahn, Professor Dr. Strugger, Vizepräsident Dobbert, Professor Dr. Richter, Professor Dr. Fucks.

Heft 22:
Prof. Dr. Johannes von Allesch, Universität Göttingen
Die Bedeutung der Psychologie im öffentlichen Leben
Prof. Dr. med. Otto Graf, Max-Planck-Institut für Arbeitsphysiologie, Dortmund
Triebfedern menschlicher Leistung

Heft 23:
Prof. Dr. phil. Dr. jur. h. c. Bruno Kuske, Universität Köln
Probleme der Raumforschung
Prof. Dr. Dr.-Ing. e. h. Prager
Städtebau und Landesplanung

Heft 24:
Prof. Dr. Rolf Danneel, Universität Bonn
Über die Wirkungsweise der Erbfaktoren
Prof. Dr. K. Herzog, Medizinische Akademie Düsseldorf
Bewegungsbedarf der menschlichen Gliedmaßengelenke bei der Berufsarbeit

Heft 25:
Prof. Dr. O. Haxel, Heidelberg
Energiegewinnung aus Kernprozessen
Dr. Dr. Max Wolf, Düsseldorf
Gegenwartsprobleme der energiewirtschaftlichen Forschung

Heft 26:
Prof. Dr. Friedrich Becker, Universität Bonn
Ultrakurzwellen aus dem Weltraum, ein neues Forschungsgebiet der Astronomie
Dozent Dr. H. Straßl, Bonn
Bemerkenswerte Doppelsterne und das Problem der Sternentwicklung

Heft 27:
Prof. Dr. Heinrich Behnke, Universität Münster
Der Strukturwandel der Mathematik in der ersten Hälfte des 20. Jahrhunderts
Prof. Dr. E. Sperner, Bonn
Eine mathematische Analyse der Luftdruckverteilungen in großen Gebieten

Heft 28:
Prof. Dr. O. Niemczyk, Aachen
Die Problematik gebirgsmechanischer Vorgänge im Steinkohlenbergbau
Prof. Dr. W. Ahrens, Krefeld
Die Bedeutung geologischer Forschung für die Wirtschaft, besonders in Nordrhein-Westfalen

Heft 29:
Prof. Dr. B. Rensch, Münster
Das Problem der Residuen bei Lernleistungen
Prof. Dr. H. Fink, Köln
Über Leberschäden bei der Bestimmung des biologischen Wertes verschiedener Eiweiße von Mikroorganismen

Heft 30:
Prof. Dr.-Ing. F. Seewald, Aachen
Forschungen auf dem Gebiete der Aerodynamik
Prof. Dr.-Ing. K. Leist, Aachen
Forschungen in der Gasturbinentechnik

Heft 31:
Direktor Dr. F. Mietzsch, Wuppertal
Chemie und wirtschaftliche Bedeutung der Sulfonamide
Prof. Dr. G. Domagk, Wuppertal
Die experimentellen Grundlagen der Chemotherapie der bakteriellen Infektionen

Heft 32:
Prof. Dr. Hans Braun, Universität Bonn
Die Verschleppung von Pflanzenkrankheiten und -schädlingen über die Welt
Prof. Dr. Wilhelm Rudorf, Max-Planck-Institut für Züchtungsforschung, Voldagsen
Der Beitrag von Genetik und Züchtung zur Bekämpfung von Viruskrankheiten der Nutzpflanzen

Heft 33:
Prof. Dr.-Ing. V. Aschoff, Aachen
Probleme der elektroakustischen Einkanalübertragung
Prof. Dr.-Ing. H. Döring, Aachen
Erzeugung und Verstärkung von Mikrowellen

Heft 34:
Geheimrat Prof. Dr. Rudolf Schenck, Aachen
Bedingungen und Gang der Kohlenhydratsynthese im Licht
Prof. Dr. Emil Lehnartz, Universität Münster
Die Endstufen des Stoffabbaus im Organismus

Heft 35:
Prof. Dr.-Ing. H. Schenk, Aachen
Gegenwartsprobleme der Eisenindustrie in Deutschland
Prof. Dr.-Ing. E. Piwowarsky, Aachen
Gelöste und ungelöste Probleme des Gießereiwesens

Heft 36:
Prof. Dr. W. Riezler, Bonn
Teilchenbeschleuniger
Prof. Dr. med. G. Schubert, Hamburg
Anwendung neuer Strahlenquellen in der Krebstherapie

Heft 37:
Prof. Dr. F. Lotze, Münster
Probleme der Gebirgsbildung
Bergwerksdirektor Bergassessor a. D. Rauschenbach, Essen
Die Erhaltung der Förderungskapazität des Ruhrbergbaues auf lange Sicht

Heft 38:
Dr. E. C. Cherry, D. Sc., A.M.I.E.E., London
Cybernetics
Prof. Dr. E. Pietsch, Clausthal-Zellerfeld
Dokumentation und mechanisches Gedächtnis — zur Frage der Ökonomie der geistigen Arbeit

Heft 39:
Dr. H. Haase, Hamburg
Infrarot und seine technischen Anwendungen
Prof. Dr. A. Esau, Aachen
Die Bedeutung des Ultraschalls für technische Anwendungsgebiete

Heft 40:
Bergassessor F. Lange, Bochum-Hordel
Die wissenschaftliche und soziale Bedeutung der Silikose im Bergbau
Prof. Dr. W. Kikuth, Düsseldorf
Die Entstehung der Silikose und ihre Verbreitungsmaßnahmen

Heft 40a:
Prof. Dr. E. Groß, Bonn
Berufskrebs und Krebsforschung
Prof. Dr. H. W. Knipping, Köln
Die Situation der Krebsforschung vom Standpunkt der Klinik und des praktischen Arztes

Heft 41:
Dr.-Ing. G. V. Lachmann, Teddington
An einer neuen Entwicklungsschwelle im Flugzeugbau
Dr. A. Gerber, Zürich
Stand der Entwicklung der Raketen- und Lenktechnik

Heft 42:
Prof. Dr. Theodor Kraus, Köln
Lokalisationsphänomene und Raumordnung vom Standpunkt der geographischen Wissenschaft
Direktor Dr. Fritz Gummert, Essen
Vom Ernährungsversuchsfeld der Kohlenstoffbiologischen Forschungsstation Essen (Ein 6 Jahre lang

durchgeführter Versuch, einen Menschen aus dem Ertrag von 1250 qm zu ernähren).

Heft 43:
Prof. Giovanni Lampariello, Rom
Über Leben und Werk von Heinrich Hertz
Prof. Dr. Walter Weizel, Bonn
Über das Problem der Kausalität in der Physik

Heft 44:
Prof. Dr. Burckhardt Helferich, Bonn
Über Glykoside
Prof. Dr. Fritz Micheel, Münster
Kohlenhydrat-Eiweißverbindungen und ihre biochemische Bedeutung

Heft 45:
Prof. Dr. John von Neumann, Princeton/USA
Entwicklung und Ausnutzung neuerer mathematischer Maschinen
Prof. Dr. E. Stiefel, Zürich
Rechenautomaten im Dienste der Technik mit Beispielen aus dem Züricher Institut für angewandte Mathematik

Geisteswissenschaften

Heft 1:
Prof. Dr. W. Richter, Bonn,
Die Bedeutung der Geisteswissenschaften für die Bildung unserer Zeit
Prof. Dr. J. Ritter, Münster,
Die aristotelische Lehre vom Ursprung und Sinn der Theorie

Heft 2:
Prof. Dr. J. Kroll, Köln,
Elysium
Prof. Dr. G. Jachmann, Köln,
Die vierte Ekloge Vergils

Heft 3:
Prof. Dr. H. E. Stier, Münster,
Die klassische Demokratie

Heft 4:
Prof. Dr. W. Caskel, Köln,
Lihjan und Lihjanisch. Sprache und Kultur eines frühadischen Königreiches

Heft 5:
Prof. Dr. Th. Ohm, Münster,
Stammesreligionen im südlichen Tanganyika-Territorium. — Religionswissenschaftliche Ergebnisse meiner Ostafrikareise 1951

Heft 6:
Prälat Prof. Dr. G. Schreiber, Münster,
Deutsche Wissenschaftspolitik von Bismarck bis zum Atomphysiker Otto Hahn

Heft 7:
Prof. Dr. W. Holtzmann, Bonn,
Das mittelalterliche Imperium und die werdenden Nationen

Heft 8:
Prof. Dr. W. Caskel, Köln,
Die Bedeutung der Beduinen in der Geschichte der Araber

Heft 9:
Prälat Prof. Dr. Georg Schreiber, Münster
Iroschottische Motive im abendländischen Sakralraum

Heft 10:
Prof. Dr. P. Rassow, Köln,
Forschungen zur Reichsidee im 16. und 17. Jahrhundert

Heft 11:
Prof. Dr. H. E. Stier, Münster,
Roms Aufstieg zur Weltherrschaft

Heft 12:
Prof. Dr. D. K. H. Rengstorf, Münster,
Zum Problem der Gleichberechtigung zwischen Mann und Frau auf dem Boden des Urchristentums
Prof. Dr. H. Conrad, Bonn,
Grundprobleme einer Reform des Familienrechts

Heft 13:
Professor Dr. Max Braubach, Bonn,
Der Weg zum 20. Juli 1944 — Ein Forschungsbericht

Heft 14:
Prof. Dr. Paul Hübinger, Münster
Das deutsch-französische Verhältnis und seine mittelalterlichen Grundlagen

Heft 15:
Prof. Dr. Franz Steinbach, Bonn,
Der geschichtliche Weg des wirtschaftenden Menschen in die soziale Freiheit und politische Verantwortung

Heft 16:
Prof. Dr. Josef Koch, Köln,
Die Ars coniecturalis des Nikolaus von Cues

Heft 17:
Dr. James B. Conant,
U.S.-Hochkommissar für Deutschland,
Staatsbürger und Wissenschaftler
Prof. Dr. D. Karl Heinrich Rengstorf, Münster,
Antike und Christentum

Heft 18:
Prof. Dr. Richard Alewyn, Köln,
Klopstocks Publikum

Heft 19:
Prof. Dr. Fritz Schalk, Köln,
Das Lächerliche in der französischen Literatur des Ancien Régime

Heft 20:
Prof. Dr. Ludwig Raiser, Bad Godesberg,
Präsident der Deutschen Forschungsgemeinschaft
Rechtsfragen der Mitbestimmung

Heft 21:
Prof. D. Martin Noth, Bonn,
Das Geschichtsverständnis der alttestamentlichen Apokalyptik

Heft 22:
Prof. Dr. Walter F. Schirmer, Bonn
Glück und Ende der Könige in Shakespeares Historien

Heft 23:
Prof. Dr. Günther Jachmann, Köln
Der homerische Schiffskatalog und die Ilias

Heft 24:
Prof. Dr. Theodor Klauser, Bonn
Die römischen Petrustraditionen im Lichte der neuen Ausgrabungen unter der Peterskirche

Heft 25:
Prof. Dr. Hans Peters, Köln
Der Grundsatz der Gewaltentrennung in heutiger Sicht

Heft 26:
Prof. Dr. Fritz Schalk, Köln
Calderon und die Mythologie

Heft 27:
Prof. Dr. Josef Kroll, Köln
Vom Leben Geflügelter Worte

Heft 28:
Prof. Dr. Thomas Ohm
Die Religionen in Asien

Heft 29:
Prof. Dr. Leo Weisgerber, Bonn
Die Ordnung der Sprache im persönlichen und öffentlichen Leben

Heft 30:
Prof. Dr. Werner Caskel, Köln
Entdeckungen in Arabien

Heft 31:
Prof. Dr. Max Braubach, Bonn
Entstehung und Entwicklung der landesgeschichtlichen Bestrebungen und historischen Vereine im Rheinland

Heft 32:
Prof. Dr. Fritz Schalk, Köln
Somnium und verwandte Wörter in den romanischen Sprachen

If you have any concerns about our products,
you can contact us on
ProductSafety@springernature.com

In case Publisher is established outside the EU,
the EU authorized representative is:
Springer Nature Customer Service Center GmbH
Europaplatz 3, 69115 Heidelberg, Germany

Printed by Libri Plureos GmbH
in Hamburg, Germany